◄ 硕士论文答辩会合影，第一排右三为窦以松教授、右二为范逢源教授（1999）

► 与硕士研究生合影（1999）

◄ 指导本科毕业生结合节水灌溉工程设计任务进行毕业设计，在工程现场考察（1986）

► 指导研究生在景县节水灌溉试验区进行冬小麦测产（1994）

◄ 参加第七届国际雨水利用大会(1995)

► 国际灌溉管理会议中与台湾大学水利专家施嘉昌教授(左二)合影,左一为研究生（1994）

◄ 参加赴柬埔寨王国水利灌溉项目专家组，考察威谷河灌区（1999）

► 在柬埔寨考察期间参观小吴哥古迹(1999)

▲ 陪同水利部农水司原司长冯广志教授级高工考察浙江水利工程（2002）

▲ 在全国微灌学组学术研讨会上讲解提交的论文（南宁，1989）

▲ 在张北坝上国家旱作试验区设计喷灌工程并指导施工，照片为喷灌工程试水(1992)

➤ 参加中国灌排中心《深圳市坪山镇现代水利园区节水灌溉工程可行性研究》项目，在园区考察（2001）

▲ 整理、编辑文集，学习、使用电脑，乐在其中

▲ 参加中科院石家庄现代化研究所硕士研究生答辩，担任答辩委员会主席（2004）

◄ 毕业44年后大学同学再相见，面容虽变，感情依旧(2007)

◄▲陪同多年支持工作的老伴参观上海、游览黄山

节水灌溉理论与技术

——王文元水利文集

王文元　编著

黄 河 水 利 出 版 社

内 容 提 要

本书为河北农业大学王文元教授关于节水灌溉的论文选集，共收录了作者在国内外学术会议和专业刊物上发表的30篇论文。内容包括水资源合理利用与对策，节水灌溉试验与工程考察，节水灌溉理论与技术等，针对我国北方地区严重缺水状况，从理论与实践上论述了节水灌溉的必要性、紧迫性，节水灌溉的规划、设计、施工、管理的技术与方法，对有关设计计算理论的研究和探讨。可供水利工作者和科技人员参阅，也可作为大专院校相关专业师生的参考书。

图书在版编目(CIP)数据

节水灌溉理论与技术：王文元水利文集/王文元编著.
郑州：黄河水利出版社，2007.9
ISBN 978-7-80734-274-8

Ⅰ.节… Ⅱ.王… Ⅲ.节约用水-灌溉-文集
Ⅳ.S275-53

中国版本图书馆CIP数据核字(2007)第140085号

策划组稿：马广州　　电话：0371-66023343　E-mail:magz@yahoo.cn

出 版 社：黄河水利出版社
地址：河南省郑州市金水路11号　　邮政编码：450003
发行单位：黄河水利出版社
发行部电话：0371-66026940　　传真：0371-66022620
E-mail:hhslcbs@126.com
承印单位：河南第二新华印刷厂
开本：787 mm×1 092 mm　1/16
印张：10.75
字数：245千字　　印数：1—1 000
版次：2007年9月第1版　　印次：2007年9月第1次印刷

书号：ISBN 978-7-80734-274-8/S·97　　定价：28.00元

序 一

王文元教授多年来一直从事农田水利学科的教学与科研工作,在教学、科研与生产的结合上给我留下很深的印象。20世纪90年代,他经常带领农田水利专业毕业班的学生到水利部顺义灌溉基地进行实习,他和学生多住在我的工作单位——华北水利水电学院北京研究生部,我们开始有较多接触。当时,我担任《水利高等教育》主编,他在该刊1993年第4期发表了《毕业设计与生产、科研相结合的做法和体会》一文,文中总结和介绍了1988～1991年结合学生的毕业设计,完成了阜平、围场、完县、易县、徐水、博野以及保定市郊区等10余项节水灌溉工程设计的体会和经验,受到读者的肯定和欢迎。结合生产任务进行毕业设计,不仅使理论与实践相结合,而且有助于学生政治思想素质的提高,缩短了学校培养与社会需求的差距。随后,我们又经常一起参加全国和地方性学术会议,并多次应邀参加他的硕士研究生的论文答辩,使我进一步了解了文元教授的教学与科研能力和学术水平,也增进了我们之间的交流与友谊。

王文元水利文集收入了水资源优化利用、节水灌溉技术、雨水利用、土壤水利用、灌溉试验等30篇文章,这既是作者多年理论研究、科学试验、生产实践的成果汇集和多年辛勤耕耘的结晶,亦是他社会使命感、专业责任感的具体体现。许多文章来源于实践,又指导实践。比如《综合性节水灌溉工程设计中几个问题的探讨》,提出了应该分析各个轮灌组工作时水泵的工况点,并据此计算轮灌组的灌水时间,与实践中各个轮灌组采用相同的时间相比,不仅提高了灌水的均匀度,而且减少了灌溉水量的浪费,节省了农民的费用。

论文《河北省缺水问题与对策》,对河北省缺水问题作了深入分析,提出了切实可行的对策。强调发展经济应以资源可持续利用为前提,长期超采地下水已经导致生态环境的恶化,必须采取有力的节水措施,减少用水量。他还指出,调整国民经济结构,实现工业用水"零增长";调整农业结构,同时采取水利、生物、农艺、管理等各种措施,把农业灌溉用水降下来,实现农业用水"负增长"是可以做到的。这对制定我国北方缺水地区"十一五"、"十二五"发展规划均有参考价值 。论文《科学调控土壤水提高作物水分利用效率》,阐述了提高作物水分生产效率的现实意义,指出加强气象与土壤水预测预报,科学调控土壤水,减少农业灌溉用水量,实现高效用水,是缓解水资源供需矛盾的有效措施之一,是具有前瞻性的研究课题。

王文元水利文集是一个水利工作者的财富,值得一读,我真诚地向水利、教育工作者特别是青年同志推荐。

2007.7.10

序 二

我国是个干旱缺水的国家,水资源短缺已严重制约着国民经济的快速发展。为此,党中央、国务院先后提出"大力普及节水灌溉技术"、"把节水灌溉作为一项革命性措施来抓"等重大战略决策,极大地推动了节水灌溉事业发展。对缓解水资源供需矛盾,实现水资源可持续利用起到了决定性的作用。

人们对水资源短缺和节水灌溉的认识有个过程,广大节水工作者,包括微灌工作者的辛勤工作,对缩短这一过程起到了显著的作用,王文元教授就是节水技术工作群体中的一员。

我与王教授很熟悉,20 世纪 80 年代初,先是全国微灌协作组,后来是中国水利学会农田水利专业委员会微灌学组,汇集了全国关心和热爱微灌事业的专家、学者、工程技术人员与厂商代表 40 余人,工作十分活跃,经常在一起研究我国微灌技术发展中的问题、考察微灌工程、开展学术交流。此外,我们还曾在黑河流域灌区节水改造项目——张掖地区 5 个灌区节水灌溉工程可行性研究中合作过,一起度过了若干不眠之夜。王文元教授认真负责、实事求是、虚心好学、顽强刻苦的精神给我留下了深刻的印象。

文集收入了多篇有关喷灌、滴灌、管道灌溉等技术及工程考察的文章,总结了先进灌溉技术的优缺点及适用条件,说明了设备与技术的成熟情况,分析了存在问题与成功或失败的典型案例,提出了发展中需要注意的问题。几篇微灌技术研究方面的论文,论述的均为当时工程实践中需要解决的问题,作者做了大量试验,付出了辛勤的劳动,并曾在全国微灌会议上交流。如《滴头绕树布置时土壤湿润比计算公式的探讨》,提出注意区分滴头湿润范围重叠与否的条件,指出当有重叠时应对湿润比公式进行修正,并给出了修正系数计算公式与数据;《关于调压管水力计算公式的探讨》一文,通过对调压管的大量测试数据,揭示了调压管接头与调压管接头加上一节短管的不同水力特性,整理出不同的经验公式;《微喷头布置形式对喷洒均匀度的影响》一文,在实测单喷头水量分布图形的基础上,设计了各种可能采用的微喷头布置形式与间距,分析了组合均匀系数,提出了组合均匀系数较高的推荐方案,很有指导意义。

文集还收入了雨水利用等方面的 5 篇文章,并将雨水利用与庭院经济、节水灌溉、农民增收联系起来。在甘肃、内蒙古的半干旱地区,年降水量不足

400mm,地下水资源贫乏,长期以来,农民靠水窖集雨解决饮水问题。当地政府以财政补贴的手段,鼓励农民建立庭院集流场、坡地集流场,增加水窖、水池数量,提高标准,不仅解决了人畜饮水问题,而且可发展庭院经济,或解决基本农田的低标准灌溉问题,以增加农民收入。甘肃省实施的“121工程”,内蒙古实施的“112工程”,都可归属于这种理念及其延伸。作者赴西北考察,到农户参观,深有所感,写就几篇文章,大力宣传当地百姓“滴水贵如油”的节水理念,并呼吁微灌界与生产厂家解决微型集雨工程节水灌溉设备与技术问题。

文集还有一些很有特色的文章,如《白洋淀生态需水初探》,分析了白洋淀几经干涸的原因与解决途径;《农业节水区划中模糊聚类分析与应用》,以宁波市为例,介绍了模糊聚类分析在节水区划中的应用,相对于传统的经验法提高了区划的科学性;《综合性节水灌溉工程合理性的判别》为一个灌溉系统存在不同灌水方式时,判断其合理性提供了一种途径。

文集内容丰富,图文并茂,从中不仅在学术上会受到启迪,而且能感受到一个水利专家的严谨学风,农田水利工作者读后当会受益。

祝贺文集问世!

张国祥

2007.7.5

前　言

我于1958年“大跃进”年代进入河北农业大学水利系学习，1963年8月正值海河“大洪水”，在“抗洪斗争”中毕业。毕业后留校任教，主要从事农田水利教学与科研工作，并参与水利部水利教学指导委员会、中国水利学会农田水利专业委员会微灌学组的一些活动，结识了很多同仁与专家，2000年9月退休。退休后仍然从事一些业务活动，作为中国灌排发展中心农田水利研究所顾问，参与了甘肃、云南、内蒙古、宁波、深圳等地节水灌溉工程项目的规划与设计。近年来，主要参与学校教学督导与老教授协会的一些工作。

40余年的业务活动可谓“没有功劳也有苦劳”，培养了数百“弟子”。令我倍感欣慰的是，许多毕业生已成为行政或业务骨干。从教生涯的大部分时间用于教学和教学管理，还搞了十余项科研课题，写了几本书，发表了几十篇文章。近年来，突发奇想，把过去发表的论文重新再看一遍，看看当时的观点有无谬误，对现实还有无指导意义。看过后比较满意，没有“追风”的文章，比如几篇喷灌、微灌、管道灌溉的考察报告，是实事求是的，特别指出要根据节水灌溉设备、技术的成熟情况，因地制宜慎重采用，避免盲目性，以免造成农民的经济损失。

论文写作背景分为几种情况：

第一，针对节水的战略性问题发表一些看法或提出一些建议，以尽一个水利工作者的责任。例如，《河北省缺水问题与对策》、《科学调控土壤水提高作物水分利用效率》、《我国北方城市地区雨水利用的途径与技术要点》，以及《白洋淀生态需水初探》等。其中《河北省缺水问题与对策》，还在河北省领导听取河北农业大学专家意见的座谈会上作了发言并提交了书面材料，文中阐明的河北省2005～2015年节水方略“生活用水微增长、工业用水零增长、农业用水负增长”，对其内涵作了比较深入的分析，具有可行性；《科学调控土壤水提高作物水分利用效率》，阐明作物高效用水的途径，指出提高土壤水库的调控能力，可以增加降水利用率，减少农业灌溉用水量，在一定程度上缓解水资源紧缺的矛盾；《我国北方城市地区雨水利用的途径与技术要点》，强调城市地区水资源危机的严重性，指出城市地区雨洪利用早该提到议事日程上，并将建议的雨洪利用措施作了简要介绍；“华北明珠”——白洋淀是北方著名湿地，但几经干涸，生物资源遭到破坏，生态环境不断恶化，《白洋淀生态需水初探》一文提醒人们重视保护人类赖以生存的生态环境。

第二，根据科研项目、灌溉试验成果、生产任务编写的总结性文章。例如，《喷灌条件下冬小麦的耗水特性与喷灌制度分析》，是根据科研项目“引进美国‘伐利’大型喷灌机田间试验”研究成果写的。《唐河灌区水资源合理利用优化分析》、《沙河灌区水资源优化分析》以及《农业节水区划中模糊聚类分析与应用》等是根据完成的生产任务提炼而成的。

第三，根据节水灌溉形势的发展，在不同阶段，针对出现的问题，通过考察，撰写的一些反映情况并带有指导意义的文章，如《河北省滴灌工程考察报告》、《河北省低压管道输水灌溉技术的发展与展望》等。由于发现在设备、技术尚不够成熟的情况下，一些地区盲目提口号、定指标，“大干快上”，导致不少工程或由于设备不过关，或由于管理跟不上而很快报废。因此,写文章首先在全省水利会议上宣读,进而在刊物上刊登,呼吁在节水工程建设上提高科学性、减少盲目性。

第四,针对当时节水灌溉技术或工程急需解决的技术性问题写的文章,例如《滴头绕树布置时土壤湿润比计算公式的探讨》、《关于调压管水力计算公式的探讨》、《微喷头布置形式对喷洒均匀度的影响》、《温室、大棚滴灌系统设计与管理中值得注意的问题》、《综合性节水灌溉工程设计中几个问题的探讨》,以及《综合节水灌溉工程合理性判别》等。有些文章写作之前,还做了大量地、反复地性能测试和试验工作,提出了一些实用公式。

文集收集了正式刊物发表的30篇论文,时间段为1980～2005年,是本人执笔或主持项目的论文,有一些论文虽然本人署名靠前,但并未执笔或修改,没有收入到论文集中。论文排序,在各篇栏目下基本上按发表时间先后排列。为了尊重当时的环境与条件,这次编辑对原发表的论文没有改动。为了学习计算机,论文集的文字输入、图表绘制均是本人历经数月,边学边做完成的。

在多年共事中,河北农业大学范逢源教授、杨振刚教授、洪登明教授等给以大力支持和帮助,中国灌排发展中心、中国水利学会微灌学组组长张国祥教授,北京工业大学教授、中国水利水电科学研究院特聘博士生导师窦以松先生,河北省人大常委、省水利厅郑连生教授等给予很多支持与帮助,在此表示感谢;在参与中国灌排发展中心农田水利研究所工作期间,韩振中、王留运两位教授级高工、所长给予大力支持和照顾,深表谢意。

文集在整理过程中河北农业大学杨路华教授、程伍群教授、高惠嫣老师,河北省发展和改革委员会贾金生博士、河北省水利厅宋伟高工等给予大力协助,一并表示感谢。

限于水平,论文集有错误或不当之处,敬请指正。

作　者

2007年7月1日

目 录

第一篇　水资源合理利用与对策

河北省缺水问题与对策*

[摘　要]　21世纪水问题是人类面临的最突出的问题。河北省人均水资源300m³,是资源性极度缺水地区。多年来,由于过度开发利用水资源,导致生态环境恶化,而且有不断加重的趋势。采取节水工程等单项措施,无力扭转这种趋势,必须采取调整经济结构和种植结构、压缩灌溉面积、工程节水、农艺节水、科学调控土壤水等综合措施才可能根本扭转。文中分析并给出建议的实施方案。

1　前言

21世纪水问题将是人类面临的最突出、最困难也是最迫切需要解决的问题。随着人口的增长、经济的发展,社会的进步,对水的需求愈来愈多,而人类的社会活动、经济活动对有限水资源的损害也愈来愈重,使世界性的水资源供需矛盾愈来愈突出。中国人均水资源2 000m³,仅为世界人均的1/4,是水资源缺乏的国家。由于自然的因素,我国南方与北方、东部与西部差距很大,河北省人均水资源只有300m³,仅为全国的1/7,是水资源极度缺乏的地区。因此,河北省的缺水问题必然成为经济发展的"瓶颈",影响社会稳定的要素。

2　河北省是资源性缺水的地区

2.1　河北省的水资源

根据河北省2003年水资源评价成果,全省多年平均降水量531.7mm,降水资源量接近1 000亿m³,地表水资源量120亿m³,地下水资源量122亿m³(矿化度小于2g/L)。扣除地表水、地下水资源计算的重复量,水资源总量为205亿m³,折合产水深109.2mm,是降水资源量的20.5%。

河北省平水年地表水可利用量52亿m³,占地表水资源量的43%,地下水可开采量为93亿m³,占地下水资源量的76%,全省水资源可利用量为145亿m³,占资源量的71%。

河北省人均水资源300m³,仅为全国人均的1/7,世界人均的1/28。按国际公认的标准:人均低于1 000m³为缺水地区,低于500m³为极度缺水地区。河北省为资源性极度缺水地区。

2.2　水资源的开发利用对支撑河北经济、社会的快速发展功不可没

河北省城市上游的大型水库保证了石家庄、唐山、保定等大中城市的防洪安全以及生活和工业用水,全省有效灌溉面积444万hm²,使得粮食总产量由1949年的465万t增加到2 551万t,增加了近5倍。河北省GDP增长率1991～2000年平均为13.1%,比全

---

* 本文收入《水与社会经济发展的相互影响及作用》论文集,中国水利水电出版社,2005年。署名王文元,王岩。执笔王文元。本文是"全国第三届水问题研究学术研讨会"的论文,该会由中国科学院地理科学与资源研究所主办,西安理工大学承办。

国平均增长9.9%高出3.2个百分点。

河北省用占全国0.7%的水资源,养育了占全国5%的人口,生产了占全国6%的粮食,达到了占全国7%的国内生产总值。还每年支援京津用水19亿 m^3。因此,可以说河北省水资源的开发利用对支撑河北经济、社会的快速发展,乃至对全国经济、社会的发展功不可没。

2.3 以牺牲环境为代价的经济发展需认真总结

然而,遗憾的是河北省经济的快速发展是以过度开发利用水资源,牺牲环境为代价的,这一点在我国具有一定的普遍性,需要认真地进行总结。一个省,一个地区的经济定位、经济结构、农业结构、发展规模、发展速度应以资源的承载能力为依据,特别是应以水资源的可持续利用为约束,"以供定需",才能实现生态环境的良性循环,实现人与自然的和谐共处。河北省自20世纪80年代以来,每年超采地下水40亿～60亿 m^3,生态环境的恶化是必然的,这种趋势不能再继续下去了,否则,将遗祸子孙。

3 河北省水资源开发利用的严峻形势

3.1 河北省的缺水形势为什么越来越严重

20世纪50年代,河北水量丰沛,年均降水量596mm,大小河流常年有水,全省地表水达235亿 m^3,比目前多100多亿 m^3,而用水量不足40亿 m^3,80%以上是生态用水。平原水井用一根扁担就能提上水来,潜水蒸发是地下水的主要消耗途径。

50年后,降水量减少65mm,自产水量降至106亿 m^3,减少了55%,入境水量由100亿 m^3 减到28亿 m^3,减少72%。而人口增长1.1倍,粮食产量增长12.8倍,GDP增长158倍,用水量由40亿 m^3 增加到220亿 m^3,增长4.5倍。平水年可供水量仅为170亿 m^3,亏缺50亿 m^3,干旱年则亏缺更多。为了保证220亿 m^3 左右的用水量,自20世纪80年代以来,每年超采地下水40亿～60亿 m^3,至2004年浅层地下水、深层地下水累计超采均接近600亿 m^3,太行山前平原地下水位埋深由20世纪60年代2～3m降至20～30m;太行山低平原深层地下水位埋深由20世纪60年代0～2m降至50～90m。而且,水位越降越快,井越打越深,出水量越来越少,缺水形势也就越来越严重。

3.2 节水工程投资力度不小为何没有根本扭转水资源的严峻形势

河北省自20世纪80年代就抓节水工程,进行渠道防渗,推广低压管道灌溉、喷灌、滴灌等先进节水技术。在全国最早引进美国大型喷灌机和墨西哥滴灌设备。截至2002年底,全省有效灌溉面积444万 hm^2,占耕地面积74%,节水灌溉面积达到215万 hm^2,占有效灌溉面积的近50%,其中,管道灌溉面积占57.5%,喷灌面积占19%,微灌面积占0.5%,渠道防渗工程控制面积占13%,其他占10%。这样大的节水工程力度为什么没有根本缓解每年超采40亿～60亿 m^3 地下水的趋势呢?解释之一,若没有这些节水工程,亏缺的水量会更多;解释之二,农业灌溉用水占总水量的比例过大,达75%,而工程节水的效果是有限的;解释之三,农业的节水被工业和生活用水的增加抵消了。因此,要想根本扭转严峻的水资源形势,又要保证工农业产值适当增长,保障粮食安全,仅仅采取某单项措施很难奏效,必须采取调整经济结构、种植结构、压缩灌溉面积、工程节水、农艺节水、科学调控土壤水等综合措施才可能根本扭转。

4　河北省水资源过度开发利用导致生态环境的恶化

4.1　地表水“有河皆干，有水皆污”

河北省20世纪50～60年代修建了16座大型水库、38座中型水库、近千座小型水库，控制了山区90%以上的面积，总库容140亿m^3。这些水库为防洪、灌溉、城市供水发挥了重要作用。但是，国际公认的标准表明：地表水开发消耗利用率超过40%，必然导致一系列的生态环境问题。而1990～2000年，全省地表水开发消耗利用率达到61%，其中，河北平原的海河南系高达85%。由于水库拦蓄，出山口以下的河流非汛期都是干的，近十年来，由于雨季强度大的暴雨减少，水库蓄水不足，汛期洪水下泄量也很少，使得河道断流，“有河皆干”。个别河段看到的水也都是城镇、厂矿排除的污水，所以“有水皆污”。

由于河流常年无水，不但减少了对地下水的补给，破坏自然水体的循环，而且导致河流滩地及周边土地沙化。更为严重的是，基本断绝了原有湿地的补给水源，造成湿地生态环境的破坏。例如，闻名中外的“华北明珠”——白洋淀，1983～1988年连续6年干涸，2003年为防止再一次干淀，不得不从千里之遥的岳城水库调水。由于河流入海水量锐减，还导致河口自然环境的破坏。河道污水还导致沿岸地下水污染。

4.2　地下水持续超采，地下水位急剧下降，地面大面积下沉

目前，每年仍然以持续超采地下水40亿～60亿m^3，支撑着GDP以10%以上的速度增长。至2004年底，浅层地下水、深层地下水累计超采均接近600亿m^3。由于地下水长期大量超采，造成地下水位大幅度下降，平原浅层地下水平均年降深0.7m，石家庄市以南，邢台市以北的太行山山前平原下降最严重，地下水埋深由20世纪60年代2～3m，降至30m左右，有的地区超过40m，第一含水组已被疏干；深层水由20世纪70年代开采初期埋深0～2m，降至40～50m，最深降至95m。形成的浅层地下水位和深层地下水位下降漏斗，其范围几乎涵盖整个海河平原。

地下水水位的持续大幅度下降，导致大面积地面下沉。1983年，沉降量大于500mm的面积仅为29km^2，而2000年超过6 400km^2；沉降量大于300mm的面积接近20 000km^2，漏斗中心区最大沉降1 950mm；地面下沉导致城市建筑物基础下沉、开裂，防洪大堤塌陷、裂缝，还导致海水入侵，咸水下移，使深层水水质变坏；地下水水位的大幅度下降还导致空气干化、土壤沙化，沙尘暴天气增多，全省整体生态环境恶化。

4.3　水体污染严重影响居民生活质量

据2000年监测的6 059km有水河段，27%为Ⅰ～Ⅲ类水质，73%受不同程度污染，61%因污染丧失利用功能；湖泊的污染更为严重，“华北明珠”——白洋淀监测点13个，总体评价为超Ⅴ类水，总磷、氨氮严重超标。即使保护比较好的大、中型水库，因污染丧失利用功能的仍占11%和23%。

据2000年代表面积131 000km^2的800眼浅层地下水水井水质监测资料，按《地下水质量标准》(GB/T14848—93)评价，Ⅰ～Ⅲ类水只占23%，Ⅳ类水占32%，Ⅴ类水占45%，800眼井中有77%的井水超标。在超标项目中，以氨氮超标最高，其次是氟化物；满足《生活饮用水卫生标准》(GB5749—85)的仅占27%，比1991年下降了13个百分点；满

足《农田灌溉水质标准》(GB5084—92)的占56%,比1991年下降了18个百分点。

上述分析表明,地表水、地下水的污染均比较严重,而且,污染逐年加重的趋势令人堪忧。饮用水水体的污染直接危害人们的身体健康;灌溉水的污染,可导致粮食、蔬菜、水果中有害物质超标,同样危害人的身体健康。

5　河北省缺水问题的对策

5.1　转变观念

首先,要转变重经济轻生态的观念,树立人与自然和谐共处,为子孙后代留下蓝天绿水生存环境的思想。发达国家在发展经济的过程中走过牺牲环境发展经济的弯路,我们理应引以为戒,决不应重犯同类错误。那种认为"生产用水都不能满足,哪里有水改善生态环境"等思想,是非常有害的。

第二,要转变不顾水资源承载能力,盲目追求经济高速度、高增长的观念,树立科学发展观,以资源可持续利用为原则,科学制定经济社会发展目标。

第三,要转变依靠调水的观念,树立立足本地资源,采取行之有效的策略、手段,解决当地缺水问题的思想。引江调水给河北40亿m^3,可以大大缓解对地下水的超采。然而,跨流域调水是有限的,况且,水费昂贵,还有可能引起一系列生态环境问题。因此,立足本地资源,采取调整经济结构、减少耗水多的工业与农业项目,加大各行各业节水力度,才是解决我省缺水问题的根本出路。

第四,要转变节水与己关系不大的观念,增强全民节水意识。目前,虽然在各种媒体上加大了节水的宣传力度,但全民节水意识依然不强,浪费水的现象比比皆是,与水资源极度亏缺的形势形成强烈的反差。

5.2　制定地方性节水政策、法规

河北省是水资源极度短缺的地区,无论生活用水、工业用水、农业用水、环境用水都必须节水,要逐步提高水的重复利用率,提高污水处理回用率。而且,要针对我省实际情况制定相应的政策、法规。比如,地表水、地下水管理条例;各行业用水标准;各行业与生活超标准用水的处罚条例;在目前农民用地下水不收水资源费的情况下,制定节水奖励与超标用水的处罚法规;对高产值的设施农业制定严格的灌溉用水标准,用法规的形式强制性节水;把节水、环保工作成绩列为干部考核的硬指标等。

5.3　调整经济结构

调整经济结构应该以区位优势,历史沿革,资源,特别是水资源的承载能力为依据,摈弃或压缩耗水量大、污染严重的工业项目,发展第三产业;根据虚拟水的概念减少耗水量大的工农业产品的出口或外销;调整农、林、牧、渔结构,在保证粮食安全的同时,压缩耗水量大的冬小麦-夏玉米种植面积,增加雨热同期作物、牧草以及高产值低耗水作物的种植面积,力争10年内逐步把农业用水量降低20%~25%。既要实现国民经济的增长目标,又要实现用水零增长或负增长的节水目标。

5.4　实施方案的建议

5.4.1　建议方案

以2015年为目标年。可利用水资源量210亿m^3(包括引江调水40亿m^3),水量分

配方案以2000年为基础，即：总用水量215亿m^3，生活用水21亿m^3，工业用水32亿m^3，农田灌溉用水155亿m^3，林牧渔业用水7亿m^3。

2015年可利用水资源量210亿m^3，分配方案：生活用水30亿m^3(微增长)，工业用水32亿m^3(零增长)，农田灌溉用水124亿m^3(负增长)，林牧渔业用水9亿m^3，环境用水15亿m^3。

5.4.2 方案的可行性分析

(1)生活用水。生活用水宜采用低指标，而且逐步提高重复利用率。经初步测算，若人口增长率1.1%，2015年城镇人口占45%，城镇生活用水定额150L/d，农村生活用水定额40L/d，牲畜用水定额不变，牲畜增长率2.5%，2015年生活用水量为30.7亿m^3。

(2)工业用水。目前的万元产值用水量为41m^3/万元、重复利用率77%，与全国先进地区相比有一定差距，有节水潜力。加上调整产业结构，实现用水的零增长是可能的。经初步测算，到2015年，若工业增长率9%，万元产值用水量由41m^3/万元降至13m^3/万元(1980～2000年由214m^3/万元降至41m^3/万元)，工业用水量为32.2亿m^3。

(3)农田灌溉用水。经初步测算，到2015年，若人均粮食安全指标400kg，2015年粮食总产应达到3 146万t，年增长率仅为1.5%，通过改良品种即可实现，不必增加灌溉水量。若通过提高单产，提高工程节水、农艺节水、田面覆盖、科学调控土壤水等技术水平，使全省平均作物水分生产效率由目前0.8～1.0kg/m^3，至2015年提高到1.3～1.5kg/m^3(目前大面积示范区已经达到1.8～2.0kg/m^3)是可以做到的，则灌溉用水量节省20%左右是可能的，再通过调整种植结构压缩灌溉面积，减少灌溉用水量5%～10%亦是可能的。即2015年灌溉用水量124亿m^3，是能够实现的。

(4)方案中环境用水15亿m^3，不但保障了河流、湿地等生态环境用水，保障了城镇环境用水，还可以因大大减少城镇与农村的地下水开采量，使地下水位逐步得到恢复。

综上所述，2015年水量分配方案是可行的，过度开发利用水资源的形势是可以根本扭转的。

参考资料

[1]河北省水利厅．河北省水资源公报．2001年
[2]李志强，魏智敏．综观河北的水变化　初探西部开发的水问题．河北水利水电技术，2001(1)
[3]李志强，魏智敏．南水北调中线是京津冀经济社会发展的生命线．河北水利水电技术，2002(1)
[4]张凤林．河北省地下水超采状况堪忧　南水北调势在必行．河北水利水电技术，2002(1)

多措并举破解缺水难题*

河北省人均水资源只有300m³,仅为全国的1/7,是水资源缺乏的地区。要想根本扭转严峻的水资源形势,又要保证工农业产值适当增长,保障粮食安全,仅仅采取某单项措施很难奏效,必须采取调整经济结构、种植结构、压缩灌溉面积、工程节水、农艺节水、科学调控土壤水等综合措施才可能根本扭转。

转变观念

首先,要转变重经济轻生态的观念,树立人与自然和谐相处的理念。发达国家在发展经济的过程中走过牺牲环境发展经济的弯路,我们理应引以为戒,绝不应重犯同类错误。那种认为"生产用水都不能满足,哪里有水改善生态环境"等思想,是非常有害的。

第二,要转变不顾水资源承载能力,盲目追求经济高速度、高增长的观念,树立科学发展观,以资源可持续利用为原则,科学制定经济社会发展目标。

第三,要转变完全依靠调水的观念,树立立足本地资源,采取行之有效的策略、手段,解决当地缺水问题的思想。利用南水北调的水源,可以大大缓解对地下水的超采。然而,跨流域调水是有限的,况且,水费昂贵,还有可能引起一系列生态与环境问题。因此,立足本地资源,采取调整经济结构、减少耗水多的工业与农业项目,加大各行各业节水力度,才是解决河北省缺水问题的根本出路。

第四,要转变节水与己关系不大的观念,增强全民节水意识。目前,虽然在各种媒体上加大了节水的宣传力度,但全民节水意识依然不强,浪费水的现象比比皆是,与水资源极度亏缺的形势形成强烈的反差。

制定地方性节水政策、法规

河北省是水资源极度短缺的地区,无论生活用水、工业用水、农业用水、环境用水都必须节水,要逐步提高水的重复利用率,提高污水处理回用率。而且,要针对河北省实际情况制定相应的政策、法规。比如,地表水、地下水管理条例;各行业用水标准;各行业与生活超标准用水的处罚条例;在目前农民用地下水不收水资源费的情况下,制定节水奖励与超标用水的处罚法规;对高产值的设施农业制定严格的灌溉用水标准,用法规的形式强制性节水;把节水、环保工作成绩列为干部考核的硬指标,等等。

调整经济结构

调整经济结构应该以区位优势,历史沿革,资源,特别是水资源的承载能力为依据,摈

---

* 本文是中国水利报编辑摘自《水与社会经济发展的相互影响及作用》论文集中《河北省缺水问题与对策》一文,该文署名王文元,王岩。刊登于2006年6月22日《中国水利报现代水利周刊》第二版,并在正文之前配发了背景新闻。

"背景新闻:

今年上半年河北缺水量将达到52亿m³,52万人将出现季节性饮水困难。河北省全省18座大型水库今春可供水量只有25.2亿m³。为确保农业正常生产,预计需开采地下水76亿m³,抗旱任务十分艰巨。"

弃或压缩耗水量大、污染严重的工业项目，发展第三产业；根据虚拟水的概念减少耗水量大的工农业产品的出口或外销；调整农、林、牧、渔结构，在保证粮食安全的同时，压缩耗水量大的冬小麦－夏玉米种植面积，增加雨热同期作物、牧草以及高产值低耗水作物的种植面积，力争10年内逐步把农业用水量降低20%～25%。既要实现国民经济的增长目标，又要实现用水零增长或负增长的节水目标。

唐河灌区水资源合理利用优化分析*

唐河灌区位于西大洋水库下游,1962 年正式发挥效益,原规划灌溉面积 9.17 万 hm^2。在 1962～1984 年运用过程中,灌区实际最大灌溉面积 3.53 万 hm^2(1971 年),最小灌溉面积 1.37 万 hm^2(1984 年),平均 2.72 万 hm^2,完善配套面积仅 1.33 万 hm^2。

以往的灌区规划仅局限于利用地上水资源,没有考虑地上水、地下水的联合运用,已出现不少亟待解决的问题。最近,我们重新分析计算了灌区的地上水和地下水资源,同时以灌溉净效益最大为目标函数,对灌区地上水、地下水联合运用条件下的水资源合理利用方案进行了优化分析,现将方法与成果简介于下。

1 数学模型

1.1 目标函数

优化分析的目的是确定纯渠灌面积、纯井灌面积和渠井双灌面积的最优组合方案,目标函数为

$$F_{max} = f_1 x_1 + f_2 x_2 + f_3 x_3 \tag{1}$$

式中 F_{max}——全灌区年灌溉净效益,元/a;

f_1、f_2、f_3——纯渠灌、纯井灌和渠井双灌区的年公顷灌溉净效益,元/(hm^2·a);

x_1、x_2、x_2——纯渠灌、纯井灌和渠井双灌区的灌溉面积,hm^2。

1.2 约束条件

(1)地上水供水约束。在计算时段内,纯渠灌面积用水量与渠井双灌面积的渠灌用水量之和应小于或等于该时段水库的可供水量,即:

$$m_{1i} x_1 + m_{3i} x_3 \leqslant V_{i-1} - V_i + I_i - G_i \tag{2}$$

式中 m_{1i}——i 时段内纯渠灌区的综合毛灌溉定额,m^3/hm^2;

m_{3i}——i 时段内渠井双灌区的渠灌综合毛灌溉定额,m^3/hm^2;

V_i——i 时段末的水库蓄水量,m^3;

V_{i-1}——i 时段初的水库蓄水量,m^3;

I_i——i 时段内水库净入库量,m^3;

G_i——i 时段内水库供城市用水量,m^3。根据规划近期(1990 年)供水量为 0.473 亿 m^3,远期(2000 年)为 0.946 亿 m^3。

(2)西大洋水库库容约束。为保证水库安全,按运行规定,7 月底水位不得超过 132.0m,相应有效库容 $V_2 \leqslant 1.992\,5$ 亿 m^3;8 月底水位限制在 137.0m,相应有效库容 $V_3 \leqslant 3.534\,3$亿 m^3。

---

* 本文刊登于《海河水利》1986 年第 6 期。署名范逢源、王文元,执笔王文元。文中线性规划修正单纯形法计算机程序由孙建恒老师编程提供。

(3)地下水供水约束。将地下水看做一个水库,其约束条件为:计算时段内的总用水量小于或等于该时段地下水库的可供水量,即:

$$m_{2i}x_2 + m'_{3i}x_3 \leqslant U_{i-1} - U_i + A_1 m_{1i}x_1 + A_1 m_{3i}x_3 + A_2 m_{2i}x_2 + A_2 m'_{3i}x_3 + P_i + T_i + S_i - R_i - C_{1i} - C_{2i} \quad (3)$$

式中　m_{2i}——i 时段内纯井灌区的综合毛灌溉定额,m^3/hm^2;

m'_{3i}——i 时段内渠井双灌区的井灌综合毛灌溉定额,m^3/hm^2;

A_1、A_2——渠灌和井灌对地下水的综合补给系数;

P_i——i 时段内降雨入渗对地下水的补给量,m^3;

T_i——i 时段内河道入渗补给量,m^3;

S_i、R_i——i 时段内地下水侧向入流和出流量,m^3;

C_{1i}、C_{2i}——i 时段内灌区工业和人畜生活用水量,m^3;

U_{i-1}、U_i——i 时段初、时段末地下水库的蓄存量,m^3;

其他符号含义同前。

公式(3)经整理后有如下形式:

$$D_{1i}x_1 + D_{2i}x_2 + D_{3i}x_3 \leqslant U_{i-1} - U_i + C \quad (4)$$

式中　D_{1i}、D_{2i}、D_{3i}——i 时段内纯渠灌面积、纯井灌面积和渠井双灌区面积的综合系数;

C——常数项。

(4)地下水库容约束。根据地下水动态,确定最大埋深为 7m,最小埋深为 2.5m,则最大调节库容为

$$U_{max} \leqslant \mu F \Delta H \quad (5)$$

式中　μ——潜水含水层给水度;

F——灌区土地面积,m^2;

ΔH——地下水调节变幅,m。

本灌区土地利用系数 0.688,将式(5)改写成以耕地面积表示,并带入 F、ΔH 数值,则:

$$U_{max} \leqslant 6\,541.05(x_1 + x_2 + x_3) \quad (6)$$

(5)灌溉面积约束。总面积不予约束,但根据工程现状,纯渠灌面积应大于 14 113hm^2。

2　计算时段与起调库容

根据来用水条件,按月份将全年分为 6、7、8、9～11、12～2、3～4 和 5 月等 7 个时段。起调时段为 6 月份。

水库起调水位为 128.0m,相应有效库容为 1.099 6 亿 m^3。水库按完全年调节考虑,即 $V_7 = V_0 = 1.099\,6$ 亿 m^3。

虽然地下水具有多年调节的性质,但为简化计算并与地上水库相对应,也近似按年调节分析。这样,$P = 75\%$(干旱年)时,计算的井灌面积可能偏小,但只要用地下水多年平

均可开采量,可避免出现上述问题。为了照顾到6月份的用水要求,假定6月初地下水埋深距允许最大值尚差1.0m,则地下水起调库容为:

$$U_0 = \mu F \Delta H = 1\ 449(x_1 + x_2 + x_3) \tag{7}$$

式中符号含义同前。

3　计算数据

3.1　西大洋水库净入库量

表1所列的净入库量系指时段内入库径流量与该时段库损量之差。$P=75\%$时,5、6月份出现负值,因为扣除上游用水后,入库径流量为零,而该月仍有库损量(蒸发、渗漏量)所致。

表1　西大洋水库净入库量　　(单位:亿 m^3)

水平年	代表年	时段							
		6月	7月	8月	9～11月	12～2月	3～4月	5月	全年
近期(1990年)	$P=50\%$	0.065 7	1.289 5	0.910 3	1.032 2	0.615 9	0.247 7	0.064 3	4.225 6
	$P=75\%$	0.002 7	0.421 6	0.678 3	0.792 6	0.511 1	0.168 9	−0.015 6	2.559 6
远期(2000年)	$P=50\%$	0.044 4	1.269 8	0.893 9	0.982 6	0.582 6	0.194 1	0.033 3	4.000 7
	$P=75\%$	−0.005 4	0.386 1	0.661 8	0.737 1	0.477 7	0.118 2	−0.015 7	2.359 8

3.2　作物综合毛灌溉定额

灌区农作物分为冬小麦、经济作物、早秋及晚秋作物四大类,其种植比,近期分别为0.6、0.1、0.3、0.6;远期分别为0.6、0.15、0.25、0.6。灌溉水利用系数,近期渠灌区为0.4,井灌区为0.8;远期渠灌区为0.55,井灌区为0.9。渠井双灌区4月、9月、11月的灌水采用渠灌,其他月份采用井灌。

作物综合毛灌溉定额计算成果见表2。

3.3　地下水各项补给量

3.3.1　降雨入渗补给量

计算公式为:

$$P_i' = \alpha H_i / K \tag{8}$$

式中　P_i'——单位面积降雨入渗补给量,m^3/hm^2;

α——降雨入渗补给系数;

H_i——i 时段内降雨量,m^3/hm^2;

K——土地利用系数。

计算成果见表3。

表2　作物综合毛灌溉定额　（单位：m^3/hm^2）

水平年	代表年	分区	时段							
			6月	7月	8月	9～11月	12～2月	3～4月	5月	全年
近期	50%	纯渠灌	862.5	1 088	900.0	1 912	0	2 887.5	1 012.5	8 662
		纯井灌	431.2	543.8	450.0	956.2	0	1 443.8	506.2	4 331
		渠井双灌	431.2	543.8	450.0	1 912	0	渠 1 875 井 506.2	506.2	6 225
	75%	纯渠灌	1 500	1 462	1 012	2 025	0	2 925.0	1 800.0	11 625
		纯井灌	1 200	731.2	506.2	1 012	0	1 462.5	900.0	5 812
		渠井双灌	1 200	731.2	506.2	2 025	0	渠 2 032.5 井 450.0	900.0	7 837
远期	50%	纯渠灌	613.5	859.5	654.0	1 390	0	2 086.5	736.5	6 340
		纯井渠	375.0	525.0	400.5	850.5	0	1 275.0	450.0	3 880
		渠井双灌	375.0	525.0	400.5	1 390	0	渠 1 350.0 井 450.0	450.0	4 940.5
	75%	纯渠灌	1 746	1 132	736.5	1 472	0	2 127.0	1 309.5	8 523
		纯井灌	1 066	691.5	450.0	900.0	0	1 300.5	799.5	5 208
		渠井双灌	1 066	691.5	450.0	1 472	0	渠 1 473.0 井 400.5	799.5 799.5	6 352

表3　单位面积降雨入渗补给量　（单位：m^3/hm^2）

代表年	项目	6月	7月	8月	9月	全年
$P=50\%$	H_i	132	1 846.0	1 718.1	1.0	4 970
	α	0	0.28	0.25	0	0.190 4
	P_i	0	751.2	624.3	0	1 375
$P=75\%$	H_i	501	400.0	2 080.0	247.0	3 700
	α	0.1	0.08	0.30	0	0.190 8
	P_i	72.8	46.5	906.9	0	1 026

3.3.2　河道入渗补给量

只计算唐河入渗补给量。计算公式为：

$$T_i = \frac{1}{2} W_{弃} \lambda L'/L \tag{9}$$

式中　T_i——河道入渗补给量，亿 m^3；

$W_{弃}$——水库弃水量，亿 m^3；

λ——河道入渗率；

L'——灌区范围内河道长度，km；

L——水库至白洋淀河道总长，km；

1/2——因唐河位于灌区边界，故补给量取一半。

河道入渗补给量计算成果见表4。因水库只在汛期弃水,故河道弃水平均分配到7、8、9月三个月。

3.3.3 侧向入流、出流量

计算公式为:

$$S_i(R_i) = 365KBJH \tag{10}$$

式中 S_i、R_i——侧向入流、出流量,m^3;

K——入流或出流断面上含水层平均渗透系数,m/d;

B——断面宽度,m;

J——地下水水力坡降;

H——计算断面处含水层厚度,m。

侧向入流、出流量计算成果见表4。

表4 河道入渗补给量与侧向入流、出流量 (单位:亿 m^3)

项目	时段							
	6月	7月	8月	9~11月	12~2月	3~4月	5月	全年
河道入渗补给量	0	0.013 8	0.013 8	0.013 8	0	0	0	0.041 4
侧向入流量	0.016 6	0.016 6	0.016 6	0.049 8	0.049 8	0.033 2	0.016 6	0.199 2
侧向出流量	0.032 6	0.032 6	0.032 6	0.097 8	0.097 8	0.065 2	0.032 6	0.391 2

3.3.4 渠灌入渗补给量

其计算公式为:

$$W_{渠补} = A_1 m_{1i} x_1 + A_1 m_{3i} x_3 \tag{11}$$

式中 A_1——综合补给系数,根据渠系水利用系数、包气带截留比、田间水补给系数等因素确定;

其余符号含义同前。

3.3.5 井灌入渗补给量

其计算公式:

$$W_{井补} = A_2 m_{2i} x_2 + A_2 m'_{3i} x_3 \tag{12}$$

式中 A_2——井灌补给系数,根据经验确定;

其余符号含义同前。

3.4 灌区工业用水及人畜生活用水量

3.4.1 工业用水量

工业产值按各县发展规划取值。用水指标,近期采用900m^3/万元;远期采用600 m^3/万元。计算结果:近期工业用水量1 125万m^3,平均每月93.75万m^3;远期工业用水量1 440万m^3,平均每月120万m^3。

3.4.2 人畜生活用水量

人畜用水定额见表5。根据人口增长率及畜牧业发展规划,计算出单位面积上人畜生活用水模数：近期 235.0$m^3/(hm^2 \cdot a)$，平均每月 19.6$m^3/(hm^2 \cdot 月)$；远期 319.0 $m^3/(hm^2 \cdot a)$，平均每月 26.6$m^3/(hm^2 \cdot 月)$。

表 5　人畜生活用水定额

水平年	居民用水定额(升/人·日)		牲畜用水定额(升/头·日)		
	城 镇	农 村	大牲畜	猪	羊
近期	70	40	50	30	10
远期	90	50	50	30	10

3.5　年单位面积灌溉净效益

3.5.1　某种作物年单位面积灌溉毛效益

其计算公式为：

$$B = (Y - Y_0)(1 + r)\varepsilon C_0 \tag{13}$$

式中　B——年单位面积灌溉毛效益，元/hm^2；

Y——保证灌溉条件下的作物产量，kg/hm^2；

Y_0——无灌溉条件下的作物产量，kg/hm^2；

r——副产品价值占主产品的百分比；

ε——灌溉效益分摊系数；

C_0——农产品价格，以超购价计，元/kg。

当保证率为 50%或 75%时，按式(13)计算的数据应予修正，其修正系数按下式确定：

$$k_0 = 0.5(1 + P) \tag{14}$$

式中　k_0——修正系数；

P——灌溉保证率，以百分比计。

3.5.2　全灌区年单位面积综合灌溉毛效益

其计算公式为：

$$B_{综合} = \sum \alpha_i B_i' \tag{15}$$

式中　$B_{综合}$——全灌区年单位面积综合灌溉毛效益，元/hm^2；

α_i——i 种作物种植比；

B_i'——i 种作物修正后的年单位面积灌溉毛效益，元/hm^2。

3.5.3　年单位面积综合灌溉净效益

其计算公式为：

$$B_0 = B_{综合} - C \tag{16}$$

式中　B_0——年单位面积综合灌溉净效益，元/hm^2；

C——多年平均年单位面积灌溉费用，元/hm^2。

计算成果见表 6。

4　优化分析成果

优化分析采用线性规划方法，应用修正单纯形程序。分析结果列入表 7。

表 6　综合灌溉净效益计算成果

水平年	灌溉保证率	灌溉类型区	作物年单位面积灌溉毛效益(元/hm²)				综合毛效益(元/hm²)	年费用(元/hm²)	综合净效益(元/hm²)
			冬小麦	经济作物	早秋作物	晚秋作物			
近期	$P=50\%$	纯渠灌区	555.0	643.6	466.8	353.0	749.2	59.7	689.6
		纯井灌区	555.0	643.6	466.8	353.0	749.2	86.2	663.0
		渠井双灌	599.6	643.6	466.8	353.0	775.8	100.0	675.8
	$P=75\%$	纯渠灌区	647.6	750.9	544.5	411.8	874.0	59.7	814.4
		纯井灌区	647.6	750.9	544.5	411.8	874.0	86.2	787.8
		渠井双灌	699.4	750.9	544.5	411.8	905.1	100.0	805.0
远期	$P=50\%$	纯渠灌区	793.0	772.5	570.0	456.0	1 007.2	85.6	921.6
		纯井灌区	793.0	772.5	570.0	456.0	1 007.2	86.2	921.0
		渠井双灌	848.5	772.5	570.0	456.0	1 040.6	126.8	913.8
	$P=75\%$	纯渠灌区	925.2	901.2	664.2	531.3	1 175.1	85.6	1 089.4
		纯井灌区	925.2	901.2	664.2	531.3	1 175.1	86.2	1 088.8
		渠井双灌	989.8	901.2	664.2	531.3	1 214.0	126.8	1 087.2

表 7　水资源合理利用优化分析结果

水平年	代表年	纯渠灌面积(万 hm²) x_1	纯井灌面积(万 hm²) x_2	渠井灌面积(万 hm²) x_3	渠灌总面积(万 hm²) x_1+x_3	灌区总面积(万 hm²) $x_1+x_2+x_3$	年灌溉净效益(万元)
近期(1990)	$P=50\%$	3.157	4.555	2.689	5.846	10.401	7 013.99
	$P=75\%$	1.411	0.838	1.101	2.512	3.350	2 696.36
远期(2000)	$P=50\%$	3.656	2.749	2.689	6.345	9.094	8 358.59
	$P=75\%$	1.411	0.052	0.717	2.128	2.180	2 373.56

5　结论

(1)设计保证率采用 50%比 75%的灌溉净效益大得多,近期为 2.6 倍;远期为 3.5 倍。因此,以 50%作为设计灌溉保证率是合适的。

(2)若以近期 50%作为设计灌溉保证率,灌区范围尚可将铁路以西控制面积扩大 1.294 万 hm²,可考虑发展满城县纯渠灌面积 0.627 万 hm²,清苑县渠井双灌面积 0.667 万 hm²。

(3)鉴于目前管理条件,以渠灌总面积(5.845 万 hm²)划定灌区范围为宜,在此范围内(纯井灌面积为零)做水土资源平衡分析,则近期 $P=50\%$年份,灌区内地下水位将抬升 1.58m,年灌溉净效益降至 3 993.85 万元;远期渠灌总面积增至 6.345 万 hm², $P=50\%$年份,地下水位将升高 0.75m,年灌溉净效益降至 5 826.4 万元。

沙河灌区水资源优化分析*

沙河灌区是保定地区控制面积最大的灌区，位于王快水库下游，自1959年开始兴建，并逐渐发挥效益，至今已运用26年。

沙河灌区的规划灌溉面积曾变更多次。1959年河北省水利厅勘测设计院和保定专署提出的《沙河灌区初步设计》，所计算的沙河南雅渥水文站（位于坝址下游）年径流量均值为11.23亿m^3，规划面积为8万hm^2，渠首设计流量为39m^3/s；1962年保定专署水利委员会提出的《沙河灌区初步设计（修改本）》将规划面积增大为9.87万hm^2，渠首设计流量为65m^3/s；1978年沙河灌区管理处提出的《沙河灌区总体规划》，所计算的王快水库平水年（$P=50\%$）来水量为7.55亿m^3，规划灌溉面积10万hm^2，渠首设计流量80m^3/s；1983年河北省水利厅勘察设计分院提出的《沙河灌区改建规划（初稿）》，所计算的平水年水库年径流量为7.651亿m^3，按保证率50%确定灌区规模为10.13万hm^2。

上述历次规划，由于采用的水文系列年限不同，计算结果各异。从灌区1971～1984年的运用情况看，最大灌溉面积为5.73万hm^2（1982年），渠首引水量3.23亿m^3。14年内平均灌溉面积为3.28万hm^2。自灌区兴建至今未达到设计灌溉面积。

本文依据近期水库可供水量分析成果，采用系统分析的方法，考虑地上水、地下水联合运用，对灌区水资源利用规划进行优化分析，从而提出渠灌区、井灌区、渠井双灌区的最优组合方案。由于灌区控制面积大，自然地理条件有较明显差异，因此将全灌区分为西、中、东三个水资源计算分区，分别以曲阳、定县边界和安国、博野边界划分。系统分析采用线性规划修正单纯形通用计算机程序。其成果列于表1。

表1　水资源利用优化分析成果　（单位：万hm^2）

水平年	代表年	纯渠灌面积	纯井灌面积	渠井灌面积	渠灌总面积	灌区总面积
近　期（1990年）	$P=50\%$	5.214	7.997	0	5.214	13.211
	$P=75\%$	1.853	2.270	0	1.853	4.123
远　期（2000年）	$P=50\%$	6.785	3.245	1.766	8.551	11.796
	$P=75\%$	1.974	1.208	0.764	2.738	3.946

由分析成果可以看出，以近期灌溉保证率50%为设计条件时，灌区总面积为13.211万hm^2，其中，渠灌面积为5.214万hm^2，渠井双灌面积为零，井灌面积为7.997万hm^2；以远期灌溉保证率50%为设计条件时，灌区总面积为11.796万hm^2，其中，渠灌面积为6.785万hm^2，渠井双灌面积为1.766万hm^2，井灌面积3.245万hm^2。

* 本文刊登于《海河科技》1987年第1～2期。署名范逢源、王文元，执笔王文元。参加此项工作的还有王淑琴、邢俊华等老师。

1 数学模型

1.1 目标函数

目标函数为灌溉净效益最大,即寻求灌溉净效益最大的渠灌、井灌、渠井双灌面积的组合方案。本次分析采用代表年法,共设四个代表年,即近期平水年($P=50\%$)、干旱年($P=75\%$)和远期平水年($P=50\%$)、干旱年($P=75\%$)。其目标函数方程为:

$$F = f_1x_1 + f_2x_2 + f_3x_3 + f_4x_4 + f_5x_5 + f_6x_6 + f_7x_7 + f_8x_8 + f_9x_9$$

式中 F——各代表年的综合灌溉净效益,元/a;

f_1、f_2、f_3——西区渠灌、井灌、渠井双灌区的年单位面积综合灌溉净效益,元/(a·hm²);

f_4、f_5、f_6——中区渠灌、井灌、渠井双灌区的单位面积综合灌溉净效益,元/(a·hm²);

f_7、f_8、f_9——东区渠灌、井灌、渠井双灌区的单位面积综合灌溉净效益,元/(a·hm²);

x_1、x_2、x_3——西区渠灌、井灌、渠井双灌区的面积,hm^2;

x_4、x_5、x_6——中区渠灌、井灌、渠井双灌区的面积,hm^2;

x_7、x_8、x_9——东区渠灌、井灌、渠井双灌区的面积,hm^2。

1.2 约束条件

1.2.1 地表水供水约束

地表水供水约束是指,计算时段内,各分区的渠灌用水量与渠井双灌中渠灌用水量之和,再加上时段内水库的蓄变量,应小于或等于时段内水库可供全灌区的水量(王快水库可供水量及其月分配分析成果见表2),即:

$$m_{1i}x_1 + m_{3i}x_3 + m_{4i}x_4 + m_{6i}x_6 + m_{7i}x_7 + m_{9i}x_9 + V_i - V_{i-1} \leqslant I_i - D_i - G_i$$

式中 m_{1i}、m_{3i}——i 时段内西区渠灌和渠井双灌中渠灌的综合毛灌溉定额,m^3/hm^2;

m_{4i}、m_{6i}——i 时段内中区渠灌和渠井双灌中渠灌的综合毛灌溉定额,m^3/hm^2;

m_{7i}、m_{9i}——i 时段内东区渠灌和渠井双灌中渠灌的综合毛灌溉定额,m^3/hm^2;

I_i——i 时段王快水库的可供水量,m^3,见表2;

D_i——i 时段王快水库供行唐群众渠的水量,m^3;

G_i——i 时段王快水库供白洋淀的水量(只在3月份供水),m^3;

V_i、V_{i-1}——时段末和时段初水库的存蓄量(不含死库容),m^3;

其余符号含义同前。

为了节省输入计算机数据工作量和节省计算时间,在不影响分析精度的前提下,将全年划分为7个时段。汛期6、7、8三个月和用水紧张的5月份每月为一个时段,9~11月和12~2月每三个月为一个时段,3~4月两个月为一个时段。起调时段为6月份。起调库容 V_0(不含死库容)经多次试算定为1.014 1亿 m^3,库水位为184.0m。据1976年水库水位库容关系表,死水位178.0m以下库容为1.159 2亿 m^3,184.0m以下库容为2.173 3亿 m^3。根据水库多年运用情况,按完全年调节考虑,即6月初起调库容与5月底

表 2　王快水库可供水量及其月分配分析成果

（单位：亿 m^3）

水平年	保证率	项目	年水量	年水量的逐月分配											
				7月	8月	9月	10月	11月	12月	1月	2月	3月	4月	5月	6月
近期	$P=50\%$	天然径流量	6.604 7	0.405 0	3.321 7	1.141 4	0.470 8	0.280 6	0.121 3	0.193 8	0.175 9	0.191 9	0.110 2	0.095 8	0.096 8
		上游用水量	0.291 0	0.035 3	0.027 9	0.028 7	0.008 1	0.007 9	0.004 1	0.004 1	0.004 1	0.030 3	0.059 8	0.039 4	0.041 3
		入库径流量	6.313 7	0.369 7	3.293 8	1.112 7	0.462 7	0.272 7	0.117 2	0.189 2	0.171 8	0.161 6	0.050 4	0.056 4	0.055 5
		库损量	0.300 3	0.006 2	0.016 2	0.022 5	0.031 6	0.031 6	0.021 4	0.023 2	0.020 4	0.036 1	0.034 9	0.034 4	0.021 8
		可供水量	6.013 4	0.363 5	3.277 6	1.090 2	0.431 1	0.241 1	0.095 8	0.166 0	0.151 4	0.125 5	0.015 5	0.022 0	0.033 7
	$P=75\%$	天然径流量	3.807 4	0.127 2	1.615 1	0.440 0	0.340 3	0.327 8	0.244 3	0.172 5	0.175 4	0.174 6	0.091 4	0.069 5	0.029 3
		上游用水量	0.288 7	0.049 7	0.021 2	0.026 1	0.008 1	0.019 7	0.004 1	0.004 1	0.004 1	0.024 1	0.046 5	0.033 6	0.047 4
		入库径流量	3.518 7	0.077 5	1.593 9	0.413 9	0.332 2	0.308 1	0.240 2	0.168 4	0.171 3	0.150 5	0.044 9	0.035 9	−0.018 1
		库损量	0.078 9	0.001 3	0.001 6	0.001 5	0.001 8	0.032 0	0.000 5	0.002 2	0.002 2	0.011 9	0.011 9	0.011 9	0.000 1
		可供水量	3.439 8	0.076 2	1.592 3	0.412 4	0.330 4	0.276 1	0.239 7	0.166 2	0.169 1	0.138 6	0.033 0	0.024 0	−0.018 2
远期	$P=50\%$	天然径流量	6.604 7	0.405 0	3.321 7	1.141 4	0.470 8	0.280 6	0.121 3	0.193 3	0.175 9	0.191 9	0.110 2	0.095 8	0.096 8
		上游用水量	0.349 7	0.041 3	0.032 7	0.031 9	0.012 6	0.013 9	0.008 1	0.008 1	0.008 1	0.034 3	0.066 0	0.043 5	0.049 2
		入库径流量	6.255 0	0.363 7	3.289 0	1.109 5	0.458 2	0.266 7	0.113 2	0.185 2	0.167 8	0.157 6	0.044 2	0.052 3	0.047 6
		库损量	0.300 3	0.006 2	0.016 2	0.022 5	0.031 6	0.031 6	0.021 4	0.023 2	0.020 4	0.036 1	0.034 9	0.034 4	0.021 8
		可供水量	5.954 7	0.357 5	3.272 6	1.087 0	0.426 6	0.235 1	0.091 8	0.192 0	0.147 4	0.121 5	0.009 3	0.017 9	0.025 8
	$P=75\%$	天然径流量	3.807 4	0.127 2	1.615 1	0.440 0	0.340 3	0.327 8	0.144 3	0.172 5	0.175 4	0.174 6	0.091 4	0.069 5	0.029 3
		上游用水量	0.350 2	0.054 4	0.029 4	0.031 1	0.012 6	0.024 2	0.008 1	0.008 1	0.008 1	0.029 0	0.052 5	0.038 9	0.053 8
		入库径流量	3.457 2	0.072 8	1.585 7	0.408 9	0.327 7	0.303 6	0.236 2	0.164 4	0.167 3	0.145 6	0.038 9	0.030 6	−0.024 5
		库损量	0.078 9	0.001 3	0.001 6	0.001 5	0.001 8	0.032 0	0.000 5	0.002 2	0.002 2	0.011 9	0.011 9	0.011 9	0.000 1
		可供水量	3.378 3	0.071 5	1.584 1	0.407 4	0.325 9	0.271 6	0.235 7	0.162 2	0.165 1	0.133 7	0.027 0	0.018 7	−0.024 0

(第7时段末)库容相等。

1.2.2　王快水库库容约束

根据水库多年运行情况,规定7月末水位不超过189.8m,否则就要弃水。此时,库容为3.526 2亿 m^3,扣除死库容后为2.367 0亿 m^3;8月末水位不超过197m,库容为5.776 0亿 m^3,扣除死库容后为4.616 8亿 m^3,因此约束方程为:

$$V_2 \leqslant 236\ 700\ 000$$

$$V_3 \leqslant 461\ 680\ 000$$

式中　V_2、V_3——7月末、8月末水库的存蓄量(不含死库容)。

1.2.3　地下水供水约束

为了简化计算,近似将地下水看做一个年调节水库,则供水约束为:计算时段内各项用水量(包括纯井灌区用水、渠井双灌区井灌用水、人畜生活用水、工业用水以及菜田用水等)之和,再加上地下水库的蓄变量,应小于或等于该时段各地下水补给项(包括渠灌入渗、井灌入渗、降雨入渗、河道入渗、为白洋淀送水入渗以及侧向入流等补给项)之和,兹分别建立约束方程如下:

(1)西区:

$$m_{2i}x_2 + m_{3i}^{井}x_3 + C_{1i} + C_{2i} + U_i - U_{i-1} \leqslant A_1^{西} m_{1i}x_1 + A_2 m_{2i}x_2 + A_1^{西} m_{3i}^{渠}x_3 + A_2 m_{3i}^{井}x_3 + B_1 m_{4i}x_4 + B_1 m_{6i}^{渠}x_6 + B_1 m_{7i}x_7 + B_1 m_{9i}^{渠}x_9 + I_{白i} + I_{河i} + I_{雨i} + I_{侧入i} - I_{侧出i}$$

上式经整理,将常数项移到等号右边,则为

$$-A_1^{西} m_{1i}x_1 + (1 - A_2) m_{2i}x_2 + [(1 - A_2) m_{3i}^{井} - A_1^{西} m_{3i}^{渠}]x_3 - B_1 m_{4i}x_4 - B_1 m_{6i}^{渠}x_6 - B_1 m_{7i}x_7 - B_1 m_{9i}^{渠}x_9 + U_i - U_{i-1} \leqslant C_i^{西}$$

$$C_i^{西} = I_{白i} + I_{河i} + I_{雨i} + I_{侧入i} - I_{侧出i} - C_{1i} - C_{2i}$$

式中　m_{1i}、m_{2i}、…、m_{9i}——i 时段内相应灌溉面积 x_i 上的综合毛灌溉定额,m^3/hm^2,见表3~表5;

$A_1^{西} m_{1i}x_1$——i 时段内渠灌对本区地下水的补给量,m^3;

$A_1^{西}$——西区综合补给系数,近期0.437,远期0.271;

$(1-A_2)m_{2i}x_2$——i 时段内扣除回归量后井灌用水量,m^3;

A_2——井灌回归系数,取0.05;

$(1-A_2)m_{3i}^{井}x_3$——i 时段内扣除回归量后渠井双灌区井灌用水量,m^3;

$A_1^{西} m_{3i}^{渠}x_3$——i 时段内渠井双灌区渠灌对地下水的补给量,m^3;

$B_1 m_{4i}x_4$——i 时段内中区渠灌对西区地下水的补给量,m^3;

B_1——中(东)区渠灌对西区地下水的综合补给系数,近期0.158,远期0.145;

$B_1 m_{6i}^{渠}x_6$——i 时段内中区渠井双灌区渠灌对西区地下水的补给量,m^3;

$B_1 m_{7i}x_7$——i 时段内东区渠灌区对西区地下水的补给量,m^3;

$B_1 m_{9i}^{渠}x_9$——i 时段内东区渠井双灌区渠灌对西区地下水的补给量,m^3;

$I_{白i}$——i 时段水库给白洋淀送水对西区地下水的补给量,m^3,$I_{白i} = B_1 W_{白引}$;

$W_{白引}$——i 时段水库向白洋淀的供水量,近期0.973亿 m^3,远期1.176亿 m^3;

$I_{河i}$——i 时段内河道入渗补给量，m^3，计算结果见表 6；

$I_{雨i}$——i 时段内降雨入渗补给量，m^3，计算结果见表 7～表 9；

$I_{侧入i}$——i 时段内地下水侧向入流量，m^3，见表 10；

$I_{侧出i}$——i 时段内地下水侧向出流量，m^3，见表 10；

C_{1i}——i 时段内非农业用水量，m^3，见表 11；

C_{2i}——i 时段内菜田用水量，m^3，见表 12。

(2)中区：

$$-A_1^{中} m_{4i}x_4 + (1 - A_2)m_{5i}x_5 + [(1 - A_2)m_{6i}^{井} - A_1^{中} m_{6i}^{渠}]x_6$$
$$- B_2 m_{7i}x_7 - B_2 m_{9i}^{渠}x_9 + U_i - U_{i-1} \leqslant C_i^{中}$$

式中各基本符号意义同前，只是常数项 $C_i^{中}$ 各数据均为中区值，且对于中区：A_1 近期为 0.444 4，远期为 0.308；B_2 近期为 0.132，远期为 0.122。

(3)东区：

$$-A_1^{东} m_{7i}x_7 + (1 - A_2)m_{8i}x_8 + [(1 - A_2)m_{9i}^{井} - A_1^{东} m_{9i}^{渠}]x_9 +$$
$$U_i - U_{i-1} \leqslant C_i^{东}$$

式中各基本符号意义同前，只是常数项 $C_i^{东}$ 各数据均为东区值，且对于东区：A_1 近期为 0.451，远期为 0.323；$I_{白i} = B_3 W_{白引}$，式中 B_3 近期为 0.10，远期为 0.094。

地下水供水约束计算时段划分与起调时段同地表水一致。关于地下水的起调库容，假定距允许最大埋深(西区为 7m，中区为 9m，东区为 11m)还差 1.0m，给水度均取 0.08，则各分区的起调库容按下式计算：

$$U_0 = \mu F \Delta H$$

式中　U_0——地下水起调库容，m^3；

μ——给水度，$\mu = 0.08$；

F——各分区面积，其中西区仅为平原部分面积，km^2；

ΔH——地下水位变幅，取 $\Delta H = 1m$。

用上式计算的各分区起调库容分别为：

西区：$U_0 = 21\ 623\ 200\ m^3$

中区：$U_0 = 80\ 618\ 400\ m^3$

东区：$U_0 = 68\ 743\ 200\ m^3$。

1.2.4　地下水库库容约束

以埋深 3m 作为水库允许最小埋深，则西、中、东区水位调节变幅分别为 4m、6m、8m，地下水调节库容分别为 0.864 9 亿 m^3、4.837 1 亿 m^3 和 5.499 5 亿 m^3。中区、东区调节库容很大但不起作用，只对西区库容予以约束。

1.2.5　灌溉面积约束

各分区渠灌、井灌、渠井双灌的总面积应小于该区的可灌面积(各分区总耕地面积减去菜田面积)。各区可灌面积分别为：

西区：近期 2.165 万 hm^2，远期 2.139 万 hm^2；

中区:近期 7.169 万 hm^2,远期 7.099 万 hm^2;

东区:近期 6.071 万 hm^2,远期 6.061 万 hm^2;

全区:近期 15.445 万 hm^2,远期 15.299 万 hm^2。

上述各约束方程共计未知数 21 个,约束方程总数为 35 个,其中,地表水约束 9 个,地下水约束 22 个,面积约束 4 个,加上目标函数,共建立方程 36 个。

2 计算参数

(1)各水平年不同保证率各分区综合毛灌溉定额见表 3~表 5。

(2)各水平年不同保证率逐月水库可供水量见表 2。行唐群众渠分水比例为占水库可供水量的 10%;向白洋淀送水:近期干旱年 0.973 亿 m^3,远期干旱年 1.176 亿 m^3(只在 3 月份送水)。

(3)河道入渗对地下水的补给量及其月分配见表 6。

(4)各分区各保证率降雨入渗对地下水的补给量见表 7~表 9。只按 6、7、8 三个月的设计降雨量及其月降雨入渗系数计算,但年总补给量应与地下水资源部分的计算值相符。

(5)地下水侧向入流和出流量及其月分配见表 10。

(6)非农业用水(C_{1i})及菜田用水(C_{2i})见表 11、表 12。

(7)各水平年不同保证率各分区的渠灌、井灌、渠井双灌面积的单位面积综合灌溉净效益见表 13~表 15。

表 3 渠灌区综合毛灌水定额 (单位:m^3/hm^2)

分区	保证率	水平年	3 月	4 月	5 月	6 月	7 月	8 月	9 月	11 月	全年
西区	50%	现状	912	2 088	912	1 176	1 014	810	912	810	8 634
		近期	942	1 745	942	802	1 011	837	942	837	8 058
		远期	698	1 175	698	476	738	620	698	620	5 720
	75%	现状	810	2 229	1 621	2 838	1 419	912	1 014	810	11 655
		近期	837	1 884	1 674	2 232	1 360	942	1 047	837	10 814
		远期									
中区	50%	现状	1 396	2 560	1 396	1 164	1 629	1 242	1 396	1 242	12 027
		近期	1 293	2 152	1 293	861	1 478	1 148	1 293	1 148	10 664
		远期	879	1 464	879	585	1 005	780	879	780	7 251
	75%	现状	1 242	2 793	2 482	3 310	2 146	1 396	1 551	1 242	16 164
		近期	1 148	2 361	2 294	2 691	1 918	1 293	1 434	1 148	14 287
		远期	780	1 605	1 560	1 830	1 305	879	975	780	9 712
东区	50%	现状	1 534	3 068	1 534	1 534	2 046	1 364	1 534	1 364	13 978
		近期	1 557	2 596	1 557	1 038	1 846	1 384	1 557	1 384	12 921
		远期	1 038	1 731	1 038	693	1 232	922	1 038	922	8 614
	75%	现状	1 364	3 579	2 727	4 690	2 304	1 364	1 704	1 364	19 096
		近期	1 385	3 000	2 769	3 634	2 019	1 384	1 731	1 384	17 307
		远期	937.5	2 000	1 846	2 422	1 346	922	1 153	922	11 535

表 4　井灌区综合毛灌水定额　（单位：m^3/hm^2）

分区	保证率	水平年	3 月	4 月	5 月	6 月	7 月	8 月	9 月	11 月	全年
西区	50%	现状	421	966	421	544	470	375	421	375	3 994
		近期	507	938	507	432	544	450	507	450	4 335
		远期	488	822	488	333	516	434	488	420	4 000
	75%	现状	375	1 032	750	1 312	657	421	470	375	5 392
		近期	450	1 012	900	1 200	732	507	562	450	5 812
		远期	434	891	867	1 017	682	488	542	434	5 354
中区	50%	现状	507	928	507	421	591	450	507	450	4 362
		近期	549	915	549	366	628	488	549	488	4 532
		远期	489	813	489	326	558	434	489	434	4 030
	75%	现状	450	1 012	900	1 200	778	507	562	450	5 860
		近期	488	1 004	975	1 144	816	549	609	488	6 072
		远期	434	891	867	1 017	724	489	542	434	5 397
东区	50%	现状	421	844	421	421	562	375	421	375	3 844
		近期	507	844	507	338	600	450	507	450	4 200
		远期	450	750	450	300	534	400	450	400	3 733
	75%	现状	375	984	750	1 290	634	375	470	375	5 252
		近期	450	975	904	1 182	657	450	562	450	5 625
		远期	400	867	800	1 050	584	400	500	400	5 000

表 5　渠井双灌区综合毛灌水定额　（单位：m^3/hm^2）

分区	保证率	水平年	3 月	4 月	5 月	6 月	7 月	8 月	9 月	11 月	全年
西区	50%	现状	421	2 088	421	544	470	375	912	810	6 042
		近期	507	1 744	507	432	544	450	942	837	5 964
		远期	488	1 174	488	333	516	434	698	620	4 749
	75%	现状	375	2 229	750	1 312	657	421	1 014	810	7 569
		近期	450	1 884	900	1 200	732	507	1 047	837	7 557
		远期	434	1 274	867	1 017	682	488	774	620	6 154
中区	50%	现状	507	2 560	507	421	441	450	1 396	1 242	7 676
		近期	549	2 152	549	362	628	488	1 293	1 148	7 173
		远期	489	1 464	489	326	558	434	879	780	5 418
	75%	现状	450	2 793	900	1 200	778	507	1 551	1 242	9 423
		近期	488	2 361	975	1 144	816	549	1 434	1 148	8 914
		远期	434	1 605	867	1 017	724	489	975	780	6 891
东区	50%	现状	421	3 068	421	421	562	375	1 534	1 364	13 977
		近期	507	2 596	507	338	600	450	1 557	1 384	7 940
		远期	450	1 731	450	300	534	400	1 038	922	5 826
	75%	现状	375	3 579	750	1 290	634	375	1 704	1 364	10 071
		近期	450	3 000	900	1 182	657	450	1 731	1 384	9 754
		远期	400	2 000	800	1 050	584	400	1 154	922	7 310

表6　河道入渗对地下水的补给量及其月分配　　（单位：亿 m^3）

分区	近期 $P=50\%$		近期 $P=75\%$	
	年入渗补给量	7～9各月补给量	年入渗补给量	7～9各月补给量
西区	0.040 5	0.013 5	0.040 5	0.013 5
中区	0.112 2	0.037 4	0.112 2	0.037 4
东区	0.091 0	0.030 3	0.091 0	0.030 3

表7　西区6、7、8月各月与全年降雨入渗补给量

代表年	$P=50\%$				$P=75\%$			
月份	6月	7月	8月	全年	6月	7月	8月	全年
降雨量(mm)	25.6	236.0	80.4	469.1	80.0	88.8	119.6	354.4
入渗系数	0	0.33	0.2	0.2	0.2	0.2	0.31	0.2
面积(km^2)	270.4	270.4	270.4	270.4	270.4	270.4	270.4	270.4
入渗补给量(亿 m^3)	0	0.210 2	0.043 5	0.253 7	0.043 3	0.048 0	0.100 4	0.1917

表8　中区6、7、8月各月与全年降雨入渗补给量

代表年	$P=50\%$				$P=75\%$			
月份	6月	7月	8月	全年	6月	7月	8月	全年
降雨量(mm)	96.4	113.8	153.7	466.0	58.7	44.7	175.9	352.0
入渗系数	0.2	0.25	0.296	0.2	0.15	0.15	0.312	0.2
面积(km^2)	1 007.64	1 007.64	1 007.64	1 007.64	1 007.64	1 007.64	1 007.64	1 007.64
入渗补给量(亿 m^3)	0.194 3	0.286 7	0.458 1	0.939 1	0.088 7	0.067 6	0.553 1	0.709 4

表9　东区6、7、8月各月与全年降雨入渗补给量

代表年	$P=50\%$				$P=75\%$			
月份	6月	7月	8月	全年	6月	7月	8月	全年
降雨量(mm)	5.0	124.3	238.6	470.1	26.0	110.9	150.2	368.0
入渗系数	0	0.23	0.274	0.2	0	0.25	0.305	0.2
面积(km^2)	859.28	859.28	859.28	859.28	859.28	859.28	859.28	859.28
入渗补给量(亿 m^3)	0	0.245 5	0.562 4	0.807 9	0	0.238 2	0.394 2	0.632 4

表 10　地下水侧向流入与侧向流出量　(单位:亿 m³)

分区	侧向流入量		侧向流出量	
	年总量	平均每月	年总量	平均每月
西区	0.102 9	0.008 6	0.102 9	0.008 8
中区	0.102 9	0.008 6	0.053 3	0.004 4
东区	0.053 3	0.004 4	0	0

表 11　非农业用水汇总表(不包括菜田)　(单位:万 m³)

分区	现状		近期		远期	
	年用水量	月平均用水量	年用水量	月平均用水量	年用水量	月平均用水量
西区	802.0	66.83	1 860.8	155.07	2 663.9	221.99
中区	2 743.7	228.64	4 345.4	362.12	6 667.0	555.58
东区	2 300.1	191.68	3 282.9	273.58	4 405.7	367.14
全区	5 845.8	487.15	9 489.1	790.76	13 737.6	1 144.8

表 12　菜田 3～10 月每月用水量　(单位:万 m³)

分区	现状		近期		远期	
	年用水量	月平均用水量	年用水量	月平均用水量	年用水量	月平均用水量
西区	405	50.63	605	75.63	800	100.0
中区	1 075	134.37	1 770	221.25	2 295	286.89
东区	770	96.25	1 180	147.5	1 555	194.38
全区	2 250	281.25	3 555	444.38	4 650	581.27

表 13　不同保证率渠灌单位面积综合净效益　(单位:元/(hm²·a))

分区	现状		近期		远期	
	$P=50\%$	$P=75\%$	$P=50\%$	$P=75\%$	$P=50\%$	$P=75\%$
西区	128.4	166.0	222.2	275.2	313.8	391.2
中区	250.2	308.0	396.4	478.8	560.4	679.0
东区	202.0	251.8	297.8	363.4	398.4	489.9

表 14　不同保证率井灌单位面积综合净效益　（单位:元/(hm^2·a)）

分 区	现 状		近 期		远 期	
	$P=50\%$	$P=75\%$	$P=50\%$	$P=75\%$	$P=50\%$	$P=75\%$
西 区	122.1	159.8	215.8	269.0	361.4	438.8
中 区	211.0	268.8	357.3	439.6	575.1	693.8
东 区	116.6	166.4	212.2	278.0	366.8	458.2

表 15　不同保证率渠井双灌单位面积综合净效益　（单位:元/(hm^2·a)）

分 区	现 状		近 期		远 期	
	$P=50\%$	$P=75\%$	$P=50\%$	$P=75\%$	$P=50\%$	$P=75\%$
西 区	94.6	132.3	188.4	241.5	329.7	407.1
中 区	197.1	254.8	343.4	425.7	557.0	675.6
东 区	120.6	170.4	216.3	282.0	366.6	458.1

3　解算成果与分析

解算成果列于表 16。从表中数据可以看出:

(1)近期平水年渠灌总控制面积,第一方案为 5.215 万 hm^2,第二方案为 9.971 万 hm^2;远期为 8.551 万 hm^2。均小于目前工程可控制面积 10.553 万 hm^2,因此灌区工程规模不宜再扩大。

(2)由近期平水年第一方案和第二方案的年单位面积净灌溉效益看,第一方案优于第二方案,说明在中区和东区渠灌和井灌插花分布比同一块地既用渠灌又用井灌效益要高一些。因此,在做灌区规划时,建议渠灌和井灌插花分布,这样亦利于工程管理。

(3)近期平水年总灌溉面积 13.211 万 hm^2(第一方案),比应灌面积 15.446 万 hm^2 少 2.235 万 hm^2(差在东区);远期平水年总灌溉面积 11.796 万 hm^2,比应灌面积 15.299 万 hm^2 少 3.503 万 hm^2(差在东区)。因此,可以说灌区平水年水资源依然不足,或者说按应灌面积设计,灌溉保证率达不到 50%。若按平水年计算,近期亏水 2.297 亿 m^3(按全区近期平水年渠灌综合毛灌溉定额 10 281m^3/hm^2 计算),远期亏水 2.468 3 亿 m^3(按全区远期平水年渠灌综合毛灌溉定额 7 045m^3/hm^2 计算)。干旱年由于给白洋淀送水,灌溉面积仅相当于应灌面积的 26%。因此,从长远看,解决东区的灌溉问题尚需外调水源。

表 16　优化分析解算成果

（面积单位：万 hm^2）

水平年	代表年	西区					中区					东区					全区渠灌总面积 $x_1+x_3+x_4+x_6+x_7+x_9$	全区井灌总面积 $x_2+x_5+x_8$	全区灌溉总面积 $\sum x_i$	年净灌溉效益(万元)
		渠灌面积 x_1	井灌面积 x_2	渠井双灌面积 x_3	渠灌总面积 x_1+x_3	灌溉总面积 $x_1+x_2+x_3$	渠灌面积 x_4	井灌面积 x_5	渠井双灌面积 x_6	渠灌总面积 x_4+x_6	灌溉总面积 $x_4+x_5+x_6$	渠灌面积 x_7	井灌面积 x_8	渠井双灌面积 x_9	渠灌总面积 x_7+x_9	灌溉总面积 $x_7+x_8+x_9$				
近期	P=50% 第一方案	1.500	0.665	0	1.500	2.165	2.643	4.526	0	2.643	7.169	1.071	2.805	0	1.071	3.877	5.215	7.997	13.211	4 056.4
	P=50% 第二方案*	1.500	0.665	0	1.500	2.165	0	1.283	5.160	5.160	6.443	0	1.031	3.311	3.311	4.342	9.971	2.980	12.951	3 642.1
	P=75%	1.500	0.665	0	1.500	2.165	0.353	0.909	0	0.353	1.261	0	0.697	0	0	0.697	1.853	2.271	4.123	1 353.8
远期	P=50%	1.500	0.639	0	1.500	2.139	5.160	1.939	0	5.160	7.099	0.125	0.667	1.767	1.891	2.558	8.551	3.245	11.796	5 650.3
	P=75%	1.500	0.639	0	1.500	2.139	0.477	0	0.764	1.238	1.238	0	0.569	0	0	0.569	2.738	1.208	3.946	1 965.9

注：近期为 1990 年，远期为 2000 年；近期平水年第二方案另加了中区、东区纯渠灌面积等于零的约束。

河北省发展农业高效用水的对策和建议*

[摘　要] 本文在分析河北省水资源现状及存在问题,总结农业高效用水经验的基础上,提出了河北省发展农业高效用水的对策和建议。在开源方面,在尚无控制的河道上兴建蓄水工程,开发利用地下微咸水,处理利用劣质水,使雨水利用资源化等;在节流方面,采用水资源优化调度措施,综合采用节水灌溉的工程、技术、农艺、管理等措施,提高水资源利用率。
[关键词] 农业高效用水;节水;建议

众所周知,我国是一个缺水国家,人均水资源是世界人均水资源的1/4,是世界上13个贫水国之一。而作为全国重要粮食基地的河北省,人均水资源仅为全国人均水资源的1/7。目前,农业用水量占总用水量的70%以上,随着工业和城镇生活用水的增加,农业用水被挤占是必然的趋势。因此,实施农业高效用水是缓解河北省水资源紧缺和确保农业可持续发展的重要途径。

1　河北省水资源现状及存在问题

据分析,河北省地表水资源总量为152亿m^3,地下水水资源总量为149.6亿m^3,扣除重复后,淡水资源总量为237.8亿m^3。在这有限的水资源中又存在着分配不均的问题:①区域分布不均,有明显的地带性差异;②年内分配不均,60%～80%的年径流量集中在6～9月间;③年际变化巨大,河北省多年平均地表径流利用率已达70%以上,水资源利用程度已相当高,但还远不能满足用水要求。用水量过大,地表水不足,导致了地下水的严重超采,从而引起严重的生态环境问题。如过量开采形成了地下水水位降落漏斗,并使部分含水层疏干,从而导致地面沉降、基础设施受到破坏、机井报废、泉水断流、土地沙化、海水入侵等,给人们的生产和生活带来了严重危害。水资源紧缺已成为河北省经济持续、健康发展的主要制约因素。

虽然水资源短缺,但水资源浪费却相当严重。由于经济、技术、管理落后,渠灌区渠系水利用系数只有0.5～0.6,井灌区水的利用系数仅为0.7～0.8,单方水效益1kg/m^3左右,这些与发达国家都有很大差距,节水灌溉潜力很大。此外,灌溉工程老化失修,对灌溉行业投入不足等也限制了水利工程充分发挥效益,不同程度地制约着农业的发展。综上所述,在河北省发展高效用水农业是必要的、紧迫的。

2　河北省发展农业高效用水的对策

从根本上解决河北省的水资源危机问题,要坚持开源与节流并重的原则。

---

* 本文刊登于《灌溉排水》1999年增刊。署名董玉云,王文元。执笔董玉云(硕士研究生),王文元修改。本文是"农业高效用水与可持续发展学术研讨会"的交流论文,该研讨会由中国农业科学院、水利部国际合作与科技司、中国水利学会、农田灌溉研究所等单位共同举办。

2.1 开源方面的途径

2.1.1 水库与平原河道蓄水工程

根据河北省自然条件和经济情况,继续大力因地制宜建设中小型水库、塘坝、水闸等蓄水工程,最大限度地利用地表水。据分析,全省平原地区尚有13.14亿m^3水资源有待进一步开发利用。

2.1.2 地下水挖潜利用

据分析,虽然河北省地下水严重超采,但仍有部分开采难度较大的浅薄层淡水未被充分利用,全省浅薄层地下水可开采量为2.93亿m^3。加强薄层淡水开发,有利于增加降雨补给,增加水资源量,有利于盐碱地改良和减轻沥涝灾害。

2.1.3 劣质水利用

劣质水包括城市生活污水、工业废水和微咸水。河北省生活污水、工业废水年排放量约为27亿m^3,利用量7.2亿m^3,仅占1/4,还有很大潜力,应加快污水资源化的步伐。污水利用必须先进行处理,达到灌溉水质标准才能利用。河北省东部平原有大量咸水、微咸水,微咸水资源量达22.5亿m^3,在农业生产上有重要意义。衡水地区有多年咸淡水轮灌的经验,据统计,截至1995年底,衡水地区已推广微咸水灌溉面积1.33万hm^2,每年增产粮食5.0万t。

2.1.4 雨水集流技术

河北省降雨集中在6~9月,降雨集中,产流大,有利于雨水的蓄集,利用雨水资源也是缓解本省水资源紧缺的有效途径之一。用水窖、蓄水池、塘坝等设施把雨水汇集、存储起来,可供农村人畜用水、发展庭院经济和灌溉基本农田。

2.1.5 地下水回灌

在有条件的地区,把秋冬季节的河水引到古河床或排水沟渠,通过入渗回补地下水,可以缓解地下水下降的幅度,增加可利用水资源。

2.2 节流方面的途径

2.2.1 节水工程措施

(1)渠道防渗。河北省渠灌区目前渠系水利用系数一般为0.5~0.6,节水潜力很大,渠道防渗应是优先发展的技术之一。按照因地制宜、就地取材的原则,选择混凝土预制板衬砌,以及土料、石料、膜料、沥青混凝土等不同防渗措施。

(2)低压管道输水。全省井灌面积占灌溉总面积的3/4,井灌区节水具有重要意义。据生产实践和田间试验分析,采用低压管道输水灌溉技术,可节水30%~40%。目前,河北省管道总长度达1.2亿m,控制面积147万hm^2,但配套标准偏低,仍有节水潜力。

(3)田间工程标准化。目前,河北省各地田间工程差别很大,有高标准的畦田,也有100~200m的长畦。使畦田规格化、标准化,可实现田间灌水环节的节水。据试验,实行标准化畦田灌溉,其灌水定额可比传统沟畦灌溉定额减少30%~50%,农作物增产10%~15%。如在精耕细作的基础上再引进涌流灌溉等先进技术,还可大幅提高田间灌水的有效利用率。

2.2.2 节水技术措施

(1)喷灌。喷灌是先进的节水灌溉技术,适用于几乎所有的作物、土壤与地形条件。

此项技术在河北省推广以来,增产效果明显。特别是山丘区,地形复杂、土地平整工程量大的地区,透水性强的沙性土壤地区以及经济发达劳力短缺的城市郊区,其优势更为突出,应予优先发展。

(2)微灌。微灌包括滴灌、微喷灌、涌灌和渗灌,是一种新型的用水效率很高的节水灌溉技术,与地面灌溉相比,一般省水 50%~70%,增产效果显著。微灌适用于所有地形和土壤,但造价相对较高,因此在河北省应优先用于高产值的经济作物,果树园区宜选用微喷灌或滴灌,温室大棚宜选用滴灌或渗灌。

(3)膜上灌。膜上灌是在地膜栽培的基础上,把膜侧行水改为膜上行水,通过放苗孔直接向作物供水的一项田间节水增产灌溉技术,膜上灌防止了地面灌溉造成的深层渗漏和无效棵间蒸发,既节约了灌溉用水,又增加了灌溉水均匀度,还提高了灌水质量。在河北省产棉区可推广此项技术,但应解决好地膜污染问题。

2.2.3 节水农业措施

(1)调整种植结构,选育耐旱品种。由于 6~9 月为降雨集中期,调整种植结构,扩大雨热同期作物的种植比例,选择耗水量小而水分利用率高的作物,建立适应型高效种植制度,选育抗旱节水高产品种是非常重要的。据有关资料分析,新品种一般可较原主栽品种增产 10%~15%,水分利用率提高 40%到 1 倍。

(2)田面覆盖。在耕地表面覆盖塑料薄膜、秸秆或其他材料,可以抑制杂草生长,促进植株生长,增加土壤肥力,改善土壤结构,抑制田面蒸发,促进作物蒸腾和光合作用,提高农作物产量,达到节水、保墒、高产、高效的目的。

(3)耕作技术。目前,河北省一般采用深耕松土,中耕除草改善土壤结构的耕作方法,既提高了天然降水的蓄集能力,又减少了土壤水分的蒸发,保持土壤墒情,是一项经济有效的节水技术。保护性耕作和条带状耕作是近年来在国外发展起来的农业高效用水技术,可以在旱地广泛推广应用。

(4)播前灌水。在河北省吴桥县 400hm^2 小麦示范区,采用以播前浇足底墒水为中心,辅以耐旱品种,集中施磷肥等 8 项关键技术,实现了小麦春灌 1~2 水,单产 6 000~7 500kg/hm^2,较传统灌溉模式节水 1 500m^3/hm^2,水分生产率提高 13.7%的目标,开创了小麦生育期以消耗灌溉水为主转变为消耗土壤水为主的新型耗水结构。此项技术值得推广。

2.2.4 节水管理措施

(1)水量优化调配。加强地表水和地下水的联合运用与优化调度,优先开发利用地表水,合理开采浅层地下水,控制开采深层地下水,科学调控土壤水是河北省水资源开发利用的基本策略。另外,在灌区配水时,按照水源可供水量、作物某生育阶段需水量及水分生产函数,应用系统工程手段,编制灌区水量优化调度方案,合理调配灌区水量,灌好关键水,也是实现节水高产的有效途径。

(2)健全管理体制。制定和完善用水政策、法规,完善节水管理规章制度,加强节水教育,普及节水科技知识,提高农民科技意识和灌溉技术素质,可收到事半功倍的效果。

(3)采用实时高效灌溉制度。用先进的科技手段监测土壤墒情,数据经处理后配合天气预报,预报适宜灌水时间、灌水量,做到适时、适量灌水,有效地控制土壤含水率,达到既节水又增产的目的。

以上介绍了河北省发展农业高效用水的一些广为采用的技术，还有其他技术，如抗旱保苗技术，水稻旱育稀植节水栽培技术等，也在深入研究和推广中。另外，由于河北省水资源缺口大，仅仅依靠当地水资源开源节流措施仍是不够的，因此，南水北调工程还是十分必要的。

3　河北省发展高效用水农业的建议

(1)调整种植结构，压缩灌水量大而可比效益小的作物的种植比，例如，适当缩减冬小麦的种植面积。

(2)建立与完善水资源管理体系，强化统一管理。

(3)制定合理的水费价格，运用经济杠杆促进节水灌溉的发展。

(4)加大节水投入，建立多元化投资体系。

(5)鼓励节水研究，积极推广应用节水新技术。

(6)加大劣质水开发利用力度。

(7)提高雨水资源化转化率。

(8)积极促进南水北调中线工程尽快上马。

总之，河北省由于水资源紧缺，在发展农业高效用水方面取得了显著成绩，但还有很大潜力，还有许多值得深入研究和探讨的问题。

参 考 文 献

[1]李英能．我国节水农业发展模式研究［J］. 节水灌溉，1998(2)
[2]吴玉芹，史群．我国发展节水灌溉的重要意义［J］. 节水灌溉，1998(4)

研究生在冬小麦试验田进行光合作用试验

雨水利用与农业可持续发展*

1　前言

众所周知,可持续发展将成为21世纪的主题,农业是人类赖以生存与生产的物质基础,农业的可持续发展是世界各国稳定、繁荣、进步的决定性因素之一。从根本上说,农业的可持续发展取决于资源的可持续利用,包括土地资源、肥力资源、水资源和光、热、气资源,等等。对于干旱、半干旱地区,光、热、气资源充足,不是农业可持续发展的限制性因子,土地资源、肥力资源虽是限制性因子,但不是起决定作用的限制性因子,只有水资源是农业可持续发展起决定作用的限制性因子。这种论断已被干旱、半干旱地区农业发展的历程和现状所证实。

这里所说的水资源不仅仅是狭义上的地表水资源和地下水资源,而是广义上的雨水资源。虽然目前尚未将雨水全部视为资源,只是将其转化为河川径流和浅层地下水的部分视为资源。但随着科技的发展,人类对雨水调控能力的逐渐提高,雨水资源化的进程必将加快,雨水资源率必将大幅提高。目前,我国半湿润、半干旱地区,降水转化为地表水资源只占8%～12%,转化为地下水资源只占2%～8%,二者合计为降水的10%～20%,这就是说,80%以上的降水未作为资源看待。然而,这80%的非资源降水同样对农业生产起着非常重要的作用。比如我国华北平原地区,冬小麦生育期的降水绝大部分被作物所利用,棉花生育期的降雨直接利用率在中等水文年也可达到60%～70%。对于没有灌溉就没有农业的干旱地区,水资源的可持续利用决定着农业的可持续发展更是不言而喻的。

由此可见,无论对雨水转化为地表、地下水资源的利用,还是对尚未视为资源的其余部分雨水的利用,都直接关系着农业的可持续发展。只要以科学手段对雨水资源进行合理利用,农业就能够实现可持续发展;反之,不按科学规律办事,采用掠夺性或放任性利用,农业就无法实现可持续发展。

2　令人忧虑的现状

2.1　农作物利用雨水的途径

图1显示了农作物利用降水的途径。一是通过土壤蓄纳直接被农作物利用;二是通过工程措施集蓄、引取河川径流或开采地下水,以人工灌溉的形式补给土壤水,用于农作物的水分消耗。人们的注意力往往集中于后者,即着重兴建各类水利工程拦蓄地表径流或开采地下水,以图增加灌溉面积。而对农作物通过土壤的蓄纳,直接利用的途径却未引起足够的重视。因而调控能力甚低,或只采用“适雨”种植的被动模式。实际上,半湿润、

---

* 本文刊登于《中国雨水利用研究文集》,中国矿业大学出版社,1998年。署名王文元,贾金生(硕士研究生)。初稿执笔王文元。本文是“国际雨水利用学术会议暨中国第2届雨水大会”的论文,该会议由中国科学院水问题联合研究中心、中国地理学会、江苏省徐州市水资源局等单位共同主持召开。

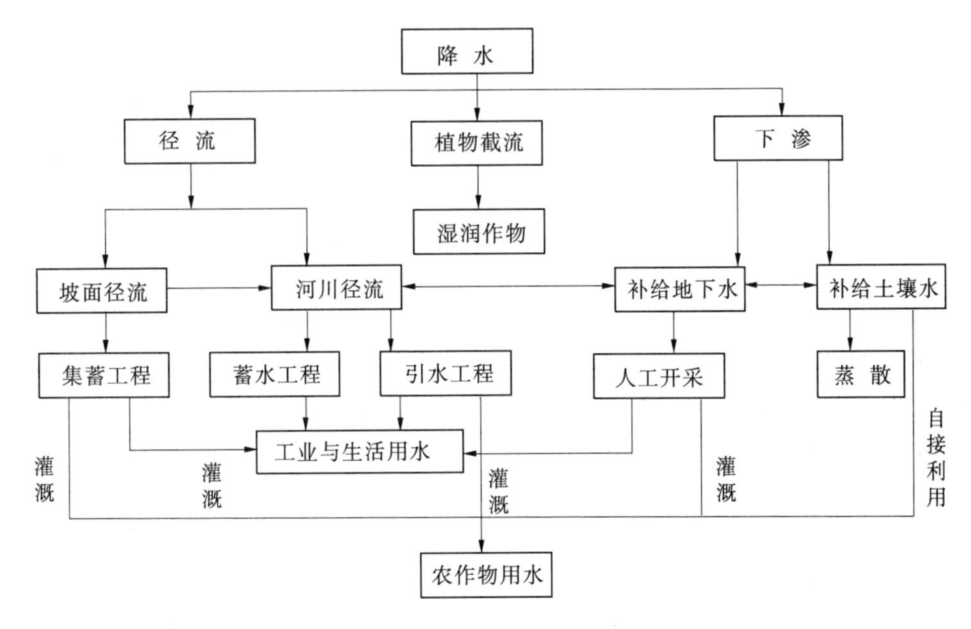

图 1 农作物利用降水的途径

半干旱地区,由于地表、地下水资源严重短缺,人工灌溉面积只占耕地面积的 40%～60%,仍有近一半的耕地得不到灌溉。因此,只有两个途径的雨水利用都得到重视,才能使农业生产得到持续、稳定的发展。

2.2 令人忧虑的雨水利用与农业可持续发展现状

处于半湿润、半干旱地区的华北平原,是我国重要的商品粮棉基地。近 10 年来,虽然农业生产呈现缓慢上升的趋势,但由于水资源过度开发,水环境受到污染,生态环境逐渐恶化等,使我们付出了沉重的代价,值得高度重视。在旱地,目前只能是"靠天收",人为调控能力很小,微型的家庭集雨工程,在解决人畜饮水方面发挥着重要作用,但坡地微型集雨节水灌溉工程因尚处于试验阶段,对农业生产作用有限。从整体上看,风调雨顺年份,每毫米降雨可生产粮食 0.6～0.8kg,遇干旱年份,每毫米降雨生产粮食低于 0.5kg,仍处于一个低而不稳的水平;对于水浇地,现状则令人忧虑。以河北省为例,1990 年以前粮食产量徘徊在 2 000 万 t,1990～1997 年上升至 2 250 万～2 500 万 t,产量的增加,水的作用功不可没,但在这个功劳的背后,却隐藏着平均每年超采地下水 30 亿～40 亿 m^3,使地下水水位急剧下降,从而带来一系列生态环境恶化的严重后果。

以地下水的过量开采来支撑农业产量的暂时上升或保持在一个相当高的水平,其代价是沉重的。第一,由于地下水的超采,形成大面积的水位下降漏斗,使机井愈打愈深,出水量愈来愈小。打了深井,报废了中、浅井,形成恶性循环。据统计,华北平原每年机井报废率达 10%以上,给农民造成了极大的经济损失;第二,由于地下水超采,地下水位急剧下降,特别是开采强度大的城市地区,地下水下降速率更快(每年 3～5m)。由于水位下降,土壤骨架被压缩,导致区域性地面下沉。例如,天津市最大下沉量已达 2.46m(小王庄),沉降量大于 1.2m 的已达 114km^2,其中,塘沽区的上海道已降至海平面以下。北京市最大下沉量达 0.6m,山西太原市最大下沉量达 1.38m,河北沧州市最大下沉量达 0.7

m。地面下沉必然造成地上建筑物的损坏,经济损失难以估算;第三,沿海地区出现海水入侵的现象。山东莱州湾海水入侵面积已达 400km^2,秦皇岛海水入侵面积也日益扩大,形成了宽 3.5km,长 5km 的入侵带,不少饮用水的淡水井变咸,沧州也有类似现象;第四,由于地下水位连年下降,干土层越来越厚,土地沙化的现象时有发生,给农业生产带来直接的危害;第五,地下水水质变坏。由于浅层淡水的超量开采,使得低平原区浅层咸水向淡水区扩展,而且,由于第三、第四含水组的深层水开采过度,承压水位急剧下降,使原承压水越流补给咸水区的良性态势转化为咸水区越流补给深层淡水的恶性态势,虽然这个变化的进程缓慢,近期尚未发现水质有明显变化,但其趋势令人堪忧。

还值得指出的是,华北平原虽然缺水严重,但灌溉用水的浪费也很严重,大水漫灌,或不管土壤墒情只按传统习惯浇水的现象仍普遍存在。灌溉水利用系数较低,渠灌区只有 0.4～0.6,井灌区为 0.6～0.8,水的生产效率(包括灌溉水和有效降雨)只有 0.5～1.0 kg/m^3,而以色列为 2.0～2.5kg/m^3。灌溉水的浪费不仅造成农民的经济损失,而且,随着灌溉水的深层渗漏,土壤中的农药、化肥残留物也随之渗入到地下水,导致地下水水质的污染,这类问题将越来越突出,应该引起足够的重视。

综上所述,目前的雨水利用,无论是降雨的直接利用,还是雨水派生的地表、地下水资源的利用,都存在相当严重的问题,这些问题已造成资源、环境、生态的负面效应,使农业的可持续发展面临严重挑战。

3 可怕的后果预测

通过前面的分析,我们看到了雨水利用和农业可持续发展上存在的一系列问题,如果不采取积极有效的措施,任其发展下去,后果不堪设想,不仅殃及当代,并将遗祸子孙。以华北地区地下水超采为例,经过 20 年,京广铁路沿线城市附近地下水埋深由 20 世纪 70 年代的 2～3m,降至目前的 20～30m,还会继续降至 40～60m;东部平原深层地下水位埋深,由 70 年代的0～5m,降至目前的 50～70m,继续降至 100～150m。届时将导致以下后果:

(1)城市地区地面下沉加剧。以天津为例,目前市区小王庄年降幅为 0.13m,1970～1989 年累计沉降 2.46m,到 2010 年将达 5.0m,那时,天津市区也会降至海平面以下。

(2)东部沿海地区,海水入侵范围将迅速扩展,农业生产环境遭到破坏。据对山东广饶海水入侵资料分析,海水入侵速度达 150m/a,20 年将入侵 3.0km 以上,将使沿海地区工业、农业和生活用水蒙受巨大损失。

(3)土地沙化形势更加严峻。由于浅层地下水位急剧下降,干土层越来越厚,河道、湖泊干涸,致使河床沿岸和湖泊周围土地逐渐沙化;近河耕地也会不断受到沙化威胁。在海河水系尤为突出。

(4)由于地下水位大幅下降,山前区第Ⅰ、第Ⅱ含水组将逐渐被疏干,东部平原深层水第Ⅲ 、第Ⅳ含水组也得不到补给,不但提水成本大幅增加,而且,由于水量减少,原有水浇地又会变成旱地,农业生产环境进一步恶化。

(5)污染严重,危害健康。据国外资料介绍,城市地区地下水位下降后,含水层空间被空气取代,由于化学反应及有机质对氧气的消耗,形成缺氧空气,这种缺氧空气自地下逸出,进入对流不畅的近地空间,会直接危害人的身体健康。据资料分析,正常空气含氧量为21%,若含氧量降至14%后,人会进入酩酊状态,含氧量降至10%以下,会导致人体中枢神经障碍,甚至意识丧失。

总之,如果地下水超采局面得不到迅速扭转,不但农业可持续发展无从谈起,而且人们的生命也会受到威胁。

4　敢问路在何方

目前,半湿润、半干旱地区农业可持续发展的形势是严峻的,在雨水利用方面存在的问题也是严重的,但扭转这一局面绝非无能为力,农业可持续发展的前景是乐观的,是可以实现的。这就要以科技为先导,加快雨水资源化的进程,提高雨水资源转化率,不断克服水资源的浪费现象,提高水的利用效率,以水资源的可持续利用,保障农业的可持续发展。

4.1　加快雨水资源化的进程,提高雨水的资源转化率

图2系雨水转化为水资源过程的框图,这里我们将土壤水资源作为水资源的一部分。由图2可以看出,若要提高雨水的资源转化率,就应设法增加可以调控的地表、地下和土壤水资源。而三者又有互为消长的联系,即降水总量是一定的,入渗增加就会减少径流;地下水库容增加,土壤水库容就会减少。从农业可持续发展的角度看,应加大调控三种资源的力度。就华北地区地表水而言,虽然大的河流都修建了水库进行控制,但中小河流尚有一定潜力,特别是山丘区小型、微型坡面集雨存蓄工程应大力推广应用,以解决当地人畜用水及基本农田的灌溉问题。此外,加强山丘区水土保持工作,对于消减洪峰、控制洪水、增加拦蓄水量具有重要的意义;对地下水而言,增加雨水转化率更有利于缓解地下水位急剧下降的趋势,应充分利用汛期弃水引渗回补地下水。河北省雄县引汛末洪水回灌地下水,实现采补均衡取得显著成效;对于土壤水资源,重要的是进行科学调控,以增加作物可利用的土壤水储量。充分利用气象和土壤墒情预报调控土壤水库,在雨季到来之前腾空库容,雨季充分蓄纳降雨,同时加强保水措施,减少土壤蒸发,则水浇地可以减少灌溉用水量,旱地可以增加土壤供水量,这些措施都相当于增加了资源量。根据河北农业大学景县节水灌溉试验区试验结果,冬小麦播前利用雨季充分蓄纳降雨,生育期中后期使作物利用1～2m土层的土壤水分,可在原灌溉制度基础上减少1～2次灌水,即节省75～150mm的灌水量,全省可节约20亿～40亿m^3水量,只此一项几乎相当于全省每年地下水超采的水量。

4.2　大力推广节水灌溉技术,提高灌溉水有效利用率

针对华北地区水资源利用中的浪费现象,首先应增强人们的节水意识,同时采取工程、农艺、管理等各种措施开展科学用水、节约用水。图3为农业节水措施框图。据分析,如果华北地区渠灌区、井灌区采取必要的节水措施,在目前综合灌溉水利用系数0.5～0.55的基础上,提高10～15个百分点,中等年份可节省灌溉用水量60亿～80亿m^3。此值相当于华北地区中等年份的农业亏水量。

上述分析表明,只要采取必要的措施,提高雨水资源的转化率,大力推广农业节水技术,半湿润、半干旱地区乃至干旱地区实现农业的可持续发展是大有希望的。

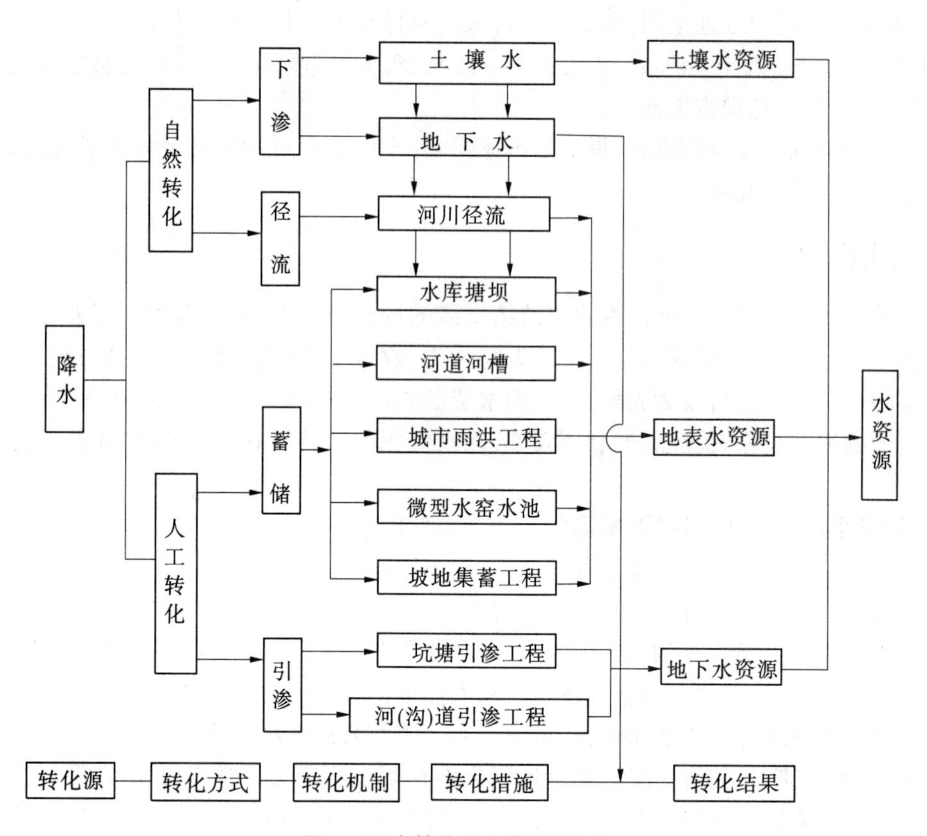

图 2 雨水转化为水资源的过程

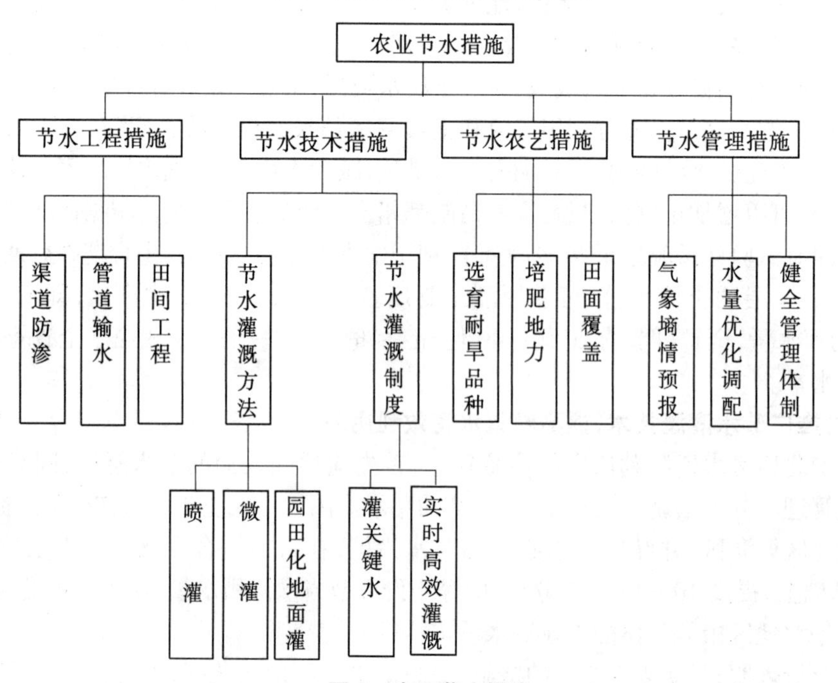

图 3 农业节水措施

参考文献

[1]刘昌明,等．中国水问题研究[M]. 北京:气象出版社,1996
[2]沈振荣,等．水资源科学试验与研究[M]. 北京:中国科学技术出版社,1992
[3]陈葆仁,等．地下水动态及其预测[M]. 北京:科学出版社,1988
[4]沈亨理．农业生态学[M]. 北京:中国农业出版社,1993

我国北方城市地区雨水利用的途径与技术要点*

[摘　要] 我国北方地区水资源严重匮缺,特别是城市地区缺水更加严重。连年超采地下水,造成浅层地下水基本疏干,深层地下水急骤下降,导致生态环境恶化。与此形成反差的是,城市的雨水径流并未得到充分利用,本文根据已有的试验资料,提出了拦蓄城市地区雨洪径流增加地表水供水水源、回灌浅层地下水、回灌深层地下水、直接用于城市绿地和居民卫生用水等 4 种雨水利用途径,并就各种途径的技术要点进行了简要说明。

[关键词] 城市地区;雨水利用;橡胶坝蓄水;地下水回灌

我国水资源严重匮缺,北方地区更甚,就河北省而言,人均水资源不及全国的 1/7,仅为世界的 1/28。城市地区因人口密集,工业集中,又是经济文化的中心,水资源供需矛盾更加突出。为保持城市的繁荣与发展,不少城市不得不超采地下水,或者挤占临近地区农业用水——调用水库原属于农业灌溉的用水量。与城市水资源的严峻形势形成强烈反差的是,城市的雨水径流并未得到充分利用,甚至城市的雨水利用尚未提到城市规划的日程上。目前,一提到城市雨洪径流,就是千方百计地、尽快地"排"走,工程设施都从这个"排"出发,那么,城市雨水应不应该利用、能不能利用呢? 答案当然是肯定的。

1　我国北方城市地区水资源开发利用的严峻形势

20 世纪 70 年代以前,我国北方百万人口以下中小城市用水多取自当地的地下水,百万人口以上的城市和北京市除部分用水开采地下水外,亦由临近地区的水库提供地表水,天津市还部分取用已遭轻度污染的海河水。70 年代以后,随着城市的发展,靠过量开采地下水已无出路,不得不耗巨资跨流域调水,一些城市已动工兴建调水工程或正在进行规划。虽然外调水能解决部分缺水,但仍不能根本解决问题,目前,仍在继续过量开采地下水,从而造成浅层地下水几近疏干,深层地下水位急骤下降,并导致一系列经济、环境与生态问题。

1.1　地下水位下降导致机泵不断更新,提水费用增加,经济损失巨大

据河北省沧州市资料,由于连年大量超采地下水,深层地下水位埋深由 1972 年的 21m 至 1980 年下降到 72m,1990 年达到 81.6m,平均年降深 3.37m,导致 3 次大规模的机泵更新,经济损失上亿元。同时,由于提水费用增加,生产成本提高,不但降低了工厂经济效益,而且加重了消费者的负担。

1.2　地下水位下降导致地面下沉,生态环境遭到破坏

据河北水文局资料,天津市 1990 年累计沉降量大于 1.5m 的面积已超过 $100km^2$,漏斗中心区累计沉降量达 2.69m;同年,沧州累计沉降量 1.13m。地面下沉不但增加了风暴

---

* 本文收入《全国首届雨水利用学术会议暨东亚地区国际研讨会》论文集;甘肃水利水电技术增刊,1998 年。署名王文元,刘玉春。执笔王文元。本文是提交《全国首届雨水利用学术会议暨东亚地区国际研讨会》(1996.11)的论文。会议由甘肃省水利厅主办。

潮入侵的几率，而且改变了地面坡度和河道比降，降低了海河泄洪能力，还导致建筑物、道路和地下工程的破坏。

1.3　地下水位下降导致沿海城市海水入侵，水质恶化

河北省秦皇岛市由于地下水位下降导致海水入侵，部分水源井因氯离子含量高而报废；胶东半岛莱州、龙口等市，海水年入侵速度达200m，使粮食大面积减产，人畜饮水发生困难，工厂面临搬迁转产的困境。

1.4　地下水位下降导致污染加重，直接危害人民群众的健康与生命

据石家庄、保定、邢台、邯郸等地资料，地下水位下降提高了城市污水对地下水的补给强度，化学耗氧量(COD)、总硬度、氨氮、亚硝酸盐、氮和氟化物等污染成分有不同程度超标，已严重危害当地居民的身体健康。

2　北方城市雨水利用现状

北方城市地区虽然如此缺水，却未能重视城市雨水的利用问题，过多的注意力集中在跨流域调水和挤占农业用水上。当然，也有些城市开展了利用雨洪径流回补浅层地下水和利用空调冷却弃水回补深层地下水的研究，可惜的是并未普遍推广应用。大多数城市只是利用雨季降雨冲洗市内排污河道或沟道，而没有拦蓄雨洪径流使其转化为地表水供水水源，或者回补地下水转化为地下水供水水源。北京市1981～1983年曾开展了回灌西郊地下水库的试验研究，拦蓄河道径流，建立了39个回灌试验点，对地下水回灌的技术方案，回灌中产生淤积的机理及消除方法进行了研究，在此基础上提出了建立西郊地下水库的设想，为北京地区进一步利用雨洪径流回补地下水提供科学依据。但这个设想还有待成为现实。

3　北方城市地区雨水利用的途径与技术要点

3.1　拦蓄雨洪径流增加城市地表水供水水源

城市地区雨洪径流与农村地区有显著不同，由于下垫面的差异，同频率的暴雨，城市地区不但产流多，而且汇流快、洪峰高、历时短，从而给拦蓄雨洪造成很大困难。但现代工业与工程技术的发展，为城市雨洪径流的拦蓄提供了可能，其中橡胶坝蓄水就是一项比较成熟的技术。据统计，截至1991年全国建成橡胶坝292座，近些年来以每年40座的速度增长。城市地区应该在附近河流选择适当坝址拦蓄雨洪径流，一方面增加地表水供水水源，一方面回补地下水增加地下水供水水源。橡胶坝技术是城市地区拦蓄雨洪径流值得推广的工程技术。

我国橡胶坝工程建设实践表明，它具有投资低、工期短、结构简单、制造工厂化、安装简易、抗震性能好、不阻水、运行灵活方便等优点。

橡胶坝拦蓄雨洪径流其技术要点包括：合理选择坝址，确定坝高，合理设计坝袋结构和锚固技术等。坝址应选在水流平顺及河流岸坡稳定的河段，以防水流脉动发生共振损坏坝袋；在坝高确定上，目前，我国坝高一般不超过5m，这主要受坝袋材质、加工工艺等条件的限制；坝袋结构则根据坝高、坝长等具体情况选择单袋式、多袋式、分层式以及分段式结构。分段式结构是为了增加坝长，分层与多袋式结构则主要为了增加坝高；坝袋锚固目

前多采用螺栓压板锚固或混凝土楔块锚固。

3.2　拦蓄雨洪径流回灌浅层地下水

拦蓄雨洪径流回灌地下水，对延缓地下水位下降趋势具有极为重要的意义。多年来，我国北方地区有将汛末或非农业用水季节的地表水引入坑塘、古河道回灌地下水的成功经验，可用以指导城市地区拦蓄雨洪径流回灌地下水的工作。1972～1986年河北省鹿泉县源泉灌区兴建108处坑塘、小水库等蓄水工程，并利用灌区各级渠道冬季引水进行地下水回灌，当年回灌引水量2 000万m^3以上，其中500万～700万m^3转化为土壤水，320万～540万m^3转化为地下水，使浅层地下水位比回灌前升高1.0～3.0m；1975～1983年河北藁城汪洋沟回灌试验区，利用140km的干支沟道及230多个坑塘，引石津渠弃水进行地下水回灌，年平均引水量3 100万m^3，回灌地下水2 000万m^3，地下水位高出非回灌区1～2m；1979～1984年河南省温县地下水回灌工程控制面积462km^2，利用天然河道、沟渠和坑塘组成的三级沟渠河网工程回灌地下水，回灌补给地下水水量年平均达960万m^3，占地下水补给量的11.8%，3年间地下水位回升0.5～1.0m，而非回灌区水位下降1.46m，效果十分明显。

城市地区拦蓄雨洪径流回灌地下水应注意以下技术问题，即：如何选择回灌区；如何拦蓄雨洪径流；如何建立回灌工程系统以及如何保证回灌水的水质。

地下水回灌区应具备良好的入渗途径。前面介绍的几个回灌试验区多位于河流冲积扇地区或河道漫滩区，含砂层在水平方向或垂直方向具有交错重叠、纷繁多变的特征，岩性颗粒较粗，富水性好，且隔水层不连续，是理想的回灌区。北京西郊地下水库试验区以及位于京广铁路沿线的保定、石家庄、邢台、邯郸等市均属此种类型区，有条件建立合适的回灌区。

关于回灌的工程设施及拦蓄建筑物，应充分利用城区周围的坑塘、废弃窑坑、护城河以及其他河道、沟渠等，通过规划建立一个回灌工程系统。拦蓄建筑物可根据具体情况选用橡胶坝或水闸等不同形式。

回灌用水主要是雨洪径流或非农业灌溉季节的河流来水，特别要注意回灌水的水质，决不能为了抬升地下水位而将污染物带给地下水，造成地下水的污染。河北藁城汪洋沟回灌试验区，曾做过水质监测分析，由于回灌水是石津渠弃水，而石津渠在流经石家庄市时受到排放的工业废水的影响，回灌水质受到污染，砷、氰、酚等有毒物质均有检出，且砷在20个水样中有5个超标。虽然在地下水中尚未出现超标现象，但用做蓄渗水的坑塘附近的井水中有超标现象，且地下水中氯离子、总硬度等均呈上升趋势，地下水水质向变劣方向发展。用雨洪径流回灌地下水虽然水质尚好，但若用于回灌的坑塘、护城河及其他排水沟道已遭到污染，则不宜再作为回灌蓄水渗水工程，这是应该特别强调的。同时，为确保回灌用水不被污染，城市地区的回灌区应远离污染源。

3.3　建立小型雨水集蓄系统回灌深层地下水

在我国北方深井灌区也做过不少深层水回灌试验，回灌用水应该是通过净化处理的地表水，单井回灌量20～30m^3/h，群井回灌量15～20m^3/h。北京市用空调冷却水回灌深层地下水，不需另做净化处理；首钢开采地下水作为空调降温水源，然后再利用弃水回灌。据试验，在北京西郊粗颗粒砂卵石地区，将35℃的高温弃水回灌地下，距回灌井100m处水温降至 20℃，200m 以外的地下水基本为自然水温，这样可以边抽边灌，既解决了水源不足的问题又获得显著经济效益，回灌每立方米空调弃水投资仅 20 元，而水厂的水每立方米投资近 900 元。

利用城市雨水回灌深层地下水应具备两个系统：其一为雨水集蓄系统，其二为回灌系统。雨水集蓄系统的核心是蓄水池，蓄水池容积应根据当地具体情况(回灌规模、含水层岩性等)确定。

利用深井回灌地下水，防止回灌井的堵塞是关键技术。防止堵塞的办法是回扬，回扬间隔时间应视堵塞程度、回灌量衰减的状况而定。河北冀县回灌井每 3 天回扬 1 次；千顷洼回灌井 3～5 天回扬 1 次，回扬时间 4～8h，回灌过程中应随时监测回灌水水质，确保对深层地下水不造成污染。

3.4　建立微小型雨水集蓄系统用于居民区绿化或卫生用水

虽然北方城市地区利用微小型雨水集蓄系统作为绿地和居民卫生用水的实例尚不多见，但随着节水意识的增强和雨水利用技术的发展，这种系统是可以实现的。比如在居民小区的公共用地上建地下蓄水池，通过简易的雨水集蓄系统，将屋顶、路面的雨水集流于蓄水池中，经过简单净化过滤后供绿地或喷洒道路用水，甚至可将存储的水加压后用于居民卫生用水。从目前看，由于用做卫生用水需要独立的供水系统，成本较高，但随着城市对雨水利用工作的重视，居民区中水系统的建立，利用雨水作为卫生用水亦是可行的。

综上所述，我国北方城市地区水资源开发利用形势日趋严峻，充分利用雨洪径流增加地表水源，或回补地下水增加地下水源，以及直接集蓄雨水做为城市绿地与居民卫生用水是非常重要的，也是十分可行的。

参考文献

[1]田园.黄淮海平原地下水人工补给.北京：水利电力出版社，1990
[2]华北地区水资源供需现状、发展趋势和战略研究."七五"国家重点攻关项目第 57 项专项报告. 1990
[3]河北省城市供水水源规划.河北省水利厅，1993

在全国首届雨水利用学术会议上发言

白洋淀生态需水初探*

[摘　要] 素有“华北明珠”之称的白洋淀具有重要的经济、社会和生态价值。但20世纪70年代以来因频繁干淀和水体污染,使生态环境恶化,生物资源受到破坏,当地经济遭受重大损失。因此,防止干淀,消除污染,保护白洋淀生态环境是当务之急。本文分析了白洋淀生态环境恶化的原因,探讨了白洋淀生态耗水途径及耗水量估算方法,提出了保护白洋淀生态环境的最低需水量及相关措施。

[关键词] 白洋淀;生态环境;水资源平衡

1　前言

白洋淀的形成始于第三纪晚期,成于第四纪,是河北平原北部古湖盆地的一部分。白洋淀所控制流域为大清河中上游地区,总流域面积31 199km^2,占大清河流域的69.1%。白洋淀四周以堤为界,面积390km^2,加上周边地区,总面积924km^2,分属安新(占64%)、任丘(16%)、高阳(10%)、雄县(6%)和容城(4%)等5个县。白洋淀分为大小不等的143个淀泊。淀区纯水村36个,半水村89个,人口30余万。

2　白洋淀的功能

2.1　白洋淀的重要地位

素有“华北明珠”之称的白洋淀具有重要的经济、社会和生态重要性。历史上,白洋淀用于调蓄大清河上游洪水,对保护天津市与津浦铁路的安全具有重要意义;20世纪70年代以来,根据国家规划,白洋淀要为任丘油田供水,并为周边地区提供灌溉水源;南水北调工程实施后,还将成为重要的调节水库之一。

白洋淀的水产养殖和植苇业在经济上有独特地位,日益兴旺的旅游业,已成为当地经济新的增长点。

白洋淀是华北地区最大的淡水湖,生物资源丰富。据1990年统计,有浮游生物634种,底栖生物28种,水生植物32种,各种鱼类24种。受干淀的影响,水生动植物物种有所衰减。目前,国家环保总局已将白洋淀列为中国的一个湿地保护区。另外,白洋淀每年平均有1亿m^{3}的水面蒸发和周边侧渗,有利于调节周围小气候环境和补给地下水。

---

* 本文收入《雨水利用与水资源研究》论文集,气象出版社,2001年。署名王文元,邱人立,董玉云;执笔王文元。本文是参加“第三届全国雨水利用学术研讨会暨中国科学院水问题联合研究中心2000年学术年会”的论文,该会由中国科学院水问题联合研究中心、中国地理学会水文专业委员会、江苏省徐州市水利局等单位共同主办。邱人立是河北省大清河管理处副处长、总工程师。

本文第二稿“白洋淀生态需水初步分析”收入《农业水土工程科学》,内蒙古教育出版社,2001年。是参加《第二届农业水土工程学术研讨会》的论文,该会由中国农业工程学会农业水土工程专业委员会主办。

2.2　白洋淀的主要功能

2.2.1　防洪蓄水

表1为白洋淀水位、水深、面积与库容关系。由于纯水村高程大多为8.6m(黄海高程,下同),为安全起见,确定白洋淀汛后蓄水位为7.4～7.6m,此时库容为4.36亿～4.97亿m^3;汛前限制水位为6.6～6.9m,防洪库容为2.0亿～2.61亿m^3;最低灌溉控制水位为6.1m,灌溉调节库容为0.86亿～1.50亿m^3。

表1　白洋淀水位、水深、面积、库容关系

水位(m)	平均水深(m)	面积(km^2)	库容(亿m^3)	水位(m)	平均水深(m)	面积(km^2)	库容(亿m^3)
3.5		2.5		6.9	1.25	240.0	3.00
4.1	0.25	20.0	0.05	7.4	1.46	298.0	4.36
4.6	0.48	42.0	0.20	7.6	1.59	313.0	4.97
5.1	0.74	70.0	0.52	8.1	1.96	337.0	6.62
5.6	0.95	100.0	0.95	8.6	2.37	355.0	8.42
5.9	1.03	122.0	1.26	9.1	2.74	390.0	10.70
6.1	1.06	142.0	1.50	9.6		399.0	12.71
6.6		206.0	2.36	10.5		407.0	16.71

注:水位系黄海高程。

2.2.2　灌溉、工业供水

淀周边建有提水泵站26处,水泵132台,提水能力162m^3/s,控制灌溉面积1.24万hm^2;周边还建有引水闸涵26处,最大引水能力102.9m^3/s,若入淀水量充足,可灌溉淀外6.67万hm^2的耕地。淀边工业基础薄弱,工业用水1 000万～2 000万m^3。

2.2.3　保护生物资源

白洋淀已列为国家级湿地生态保护区,因此保护生态平衡,保护生物资源应放在优先的地位,当水位低于6.1m时,应停止灌溉与工业用水。

2.2.4　旅游、娱乐

白洋淀风景、历史古迹、水上娱乐中心等吸引着国内外游人,为淀区人民带来巨大收益,是淀区经济新的增长点。

3　白洋淀主要生态环境问题

20世纪50年代以后,对白洋淀流域进行了大规模水利开发与建设,取得了较大的经济效益,但同时也给白洋淀生态环境带来一些严重问题。白洋淀上游修建了50余座大、中、小型水库,虽有利于白洋淀防洪,却减少了入淀水量,同时,阻截了顺河入淀的鱼类,加上水质污染,使鱼类资源受到严重影响。进入70年代以后,气候干旱问题突出,淀周边工农业争水矛盾加剧,地下水超采,河道断流,干淀频繁发生,使白洋淀生态环境严重恶化,淀区经济遭受重大损失。因此,干淀和水质污染是白洋淀生态环境最突出的问题。此外,水生资源缩减与生产能力下降、人口增长、淀区淤积等问题也十分严重。

3.1 干淀

干淀(淀水位低于5.1m即视为干淀)是白洋淀生态环境恶化的主要问题之一。干淀造成水生生态系统的消失,即使重新蓄水,对生物种群,特别是鱼类亦造成严重影响。此外,干淀使芦苇大大减产,水上旅游收入明显下降,淀区经济和人民生活遭受重大损失。干淀发生频率越来越高,1965年以前,40多年仅有1年干淀,而1965~1988的24年中就有11年干淀,连续干淀天数达1 650天。干淀原因主要在于气候干旱,上游水库拦蓄,入淀水量得不到保证。

3.2 水污染

水污染是白洋淀生态环境恶化的又一个主要问题。据1994年水质监测,主要污染物为COD,其他还有pH、Mn、TP、BOD_5、六价铬、石油类和大肠杆菌等,在府河、漕河、瀑河汇入处污染最重,低于国家水质标准Ⅴ类水质。淀内居民生活、生产以及养鸭、养鱼的污染(BOD_5、COD、N、P等)同样不可忽视,据1990年分析,BOD_5的35%、COD的20%负荷来自淀内。

白洋淀水体污染导致水质恶化,使得生物种群结构发生变化,一些对环境不敏感的种类得以生存并大量繁殖。水的富营养化使藻化现象普遍发生,溶解氧耗尽,鱼类则因窒息而死亡。

3.3 水生资源受损,生产能力下降

干淀使水生生态系统破坏,水生资源枯竭,重新蓄水后,需要较长一段时间重新建立水生生态系统,然而,又一次干淀再次破坏了这种持续的生态演替过程。间断或连续干淀还严重影响了芦苇及其他水生动植物(藕、蜗牛等)的生产能力。同时,大片苇田曾是野生生物理想的湿地环境,频繁地干淀,水生生物生存环境破坏,导致野生生物种群稀少。

3.4 人口增长

人口增长给淀区资源利用带来压力,是影响未来经济发展的关键因素。淀区土地有限,目前,纯水村人口密度比大清河流域的城市还要高,持续增长的人口需要更多的居住空间,占用农田,开展更多的经济活动,若污染防治措施跟不上,将会有更多的污染负荷进入淀区。

3.5 淤积

20世纪60年代前,严重淤积发生在潴龙河、唐河入口处,两河建水库后,泥沙量大减,目前,泥沙主要来自大清河系北支,通过白沟引河入淀。淤积使淀区蓄水容积变小,水面面积缩减。

4 白洋淀生态需水量估算及水资源供需平衡分析

4.1 白洋淀生态需水量估算

4.1.1 白洋淀最低水位的确定

(1)防洪与蓄水限制水位。由于淀内多数村庄高程在8.6m,考虑安全超高1.0m,则淀内最高蓄水位定为7.6m。根据1987年水文分析,汛期限制水位确定为6.9m,汛后若有水入淀,水位保持在7.6m,余者下泄。

(2)灌溉与工业用水限制水位。为保护白洋淀生态环境,当水位下降到6.1m时,停止

灌溉与工业用水。

(3)渔业要求水位。根据当地经验,天然放养及围栏养殖需水深度至少为1.0m,最好为2.0～3.0m,而白洋淀平均水深一般为1.0～2.0m,其相应水位为5.9～8.1m(参见表1)。

(4)芦苇生长要求水位。据分析,芦苇生长最佳水深为0.5～1.0m,以1.0m计,相应水位为5.9m。

(5)其他水生生物要求水位。以藕为代表的水生经济植物,最佳水深为1.0～1.5m,相应水位为5.9～7.4m。

(6)旅游业要求水位。旅游娱乐项目所需水深各有不同,0.7m或稍深适于划船,1.0～2.0m适于游泳,大于2.0m适于其他机械船只运动,综合以1.0～2.0m为佳,相应水位5.9～8.1m。

上述各业所需水位汇总于表2。

表2　白洋淀各业所需水位　(单位:m)

防洪	灌溉/工业	渔业	植苇业	水生生物	旅游
6.9～7.6	6.1～6.9	5.9～8.1	5.9	5.9～7.4	5.9～8.1

由表2可知,保持白洋淀生态平衡的最低水位是5.9m,相应库容1.26亿m^3(参见表1)。若要发挥灌溉、养渔、旅游功能,最低水位是6.9m,相应库容为3.0亿m^3。

4.1.2　保持白洋淀最低水位5.9m需水量估算

白洋淀耗水途径包括水面蒸发、侧渗、水生植物蒸腾、灌溉及工业用水、居民生活用水等。在水位5.9m时,停止灌溉与工业用水。

(1)白洋淀蒸发耗水。白洋淀为一浅水湖泊,水面面积大,蒸发耗水占总耗水的比例大。据分析,中等年水面蒸发量为1 090mm,水面面积122km^2,扣除苇田面积5 500hm^2(苇田耗水单算),耗水量为0.730亿m^3。

(2)侧渗损失。1984年河北省地理研究所,通过白洋淀堤内外钻孔资料,点绘了白洋淀水位与侧渗的关系,并提出以下估算公式:

$$LS = 0.097\ 55Z^{6.306\ 8}$$

式中　LS——侧渗量,m^3/d;

　　Z——白洋淀水位,大沽高程(黄海高程+1.4m)。

当淀水位5.9m(大沽高程7.3m)时,年侧渗量为0.099亿m^3,如果干淀后再蓄水,还需计算垂直入渗的水量。

(3)苇田耗水。当地无实测资料,由气象资料通过彭曼公式计算潜在腾发量EI_0(结果列于表3),进而计算苇田耗水量。

芦苇生育期按4月中旬至10月中旬计算,作物系数参照水稻取为1.5,则中等年份苇田耗水量为928.6mm,非生育期耗水近似按生育期耗水的30%计,则苇田年耗水量为1 277.4mm,苇田面积5 500hm^2,全年耗水量为0.703亿m^3。

表 3 参照作物潜在腾发量(ET_0) （单位:mm/d）

代表年	1月	2月	3月	4月	5月	6月	7月	8月	9月	10月	11月	12月
中等年	0.365	0.926	1.537	3.568	4.274	5.000	4.087	3.251	2.319	1.467	0.618	0.089
干旱年	0.707	1.654	2.407	4.278	5.267	6.010	4.623	3.522	2.547	1.381	0.589	0.254

(4)淀内居民生活用水。淀区人口 10.5 万,用水定额按 50L/(d·人),则年用水量为 0.019 2 亿 m^3,其他如牲畜、猪、鸭以及菜田用水等因数量较小予以忽略。

综上分析,淀区水位保持 5.9m 时,生态用水为 1.551 亿 m^3(详见表 4)。上述分析只是中等年份需水量。干旱年份年水面蒸发量 1 234mm,苇田潜在腾发量按干旱年计算,其他项耗水计算方法与中等年相同,则保持水位 5.9m 时,总用水量为 1.757 亿 m^3(详见表 4)。

表 4 保持白洋淀水位 5.9m 生态需水汇总 （单位:亿 m^3）

代表年	水面蒸发	侧渗	苇田耗水	生活用水	合计
中等年	0.730	0.099	0.703	0.019	1.551
干旱年	0.827	0.099	0.812	0.019	1.757

4.1.3 保持白洋淀水位 6.9m 需水量估算

白洋淀水位 6.9m,水面面积为 240.0km^2,除水位增加 1.0m 外,其他条件未变,计算方法同上,计算结果列于表 5。

表 5 保持白洋淀水位 6.9m 生态需水汇总 （单位:亿 m^3）

代表年	水面蒸发	侧渗	苇田耗水	生活用水	合计
中等年	2.017	0.223	0.703	0.019	2.962
干旱年	2.283	0.223	0.812	0.019	3.337

保持水位 6.9m 时,可发挥灌溉及工业用水功能,若按只灌溉淀周边分洪区 2.67 万 hm^2 耕地,中等年份毛用水定额按 5 400m^3/hm^2 计算,干旱年份毛用水定额按 7 200m^3/hm^2计算,则中等年份灌溉用水量 1.442 亿 m^3,干旱年份灌溉用水量 1.922 亿 m^3。工业用水按 0.15 亿 m^3 计,则中等年份总用水量 4.554 亿 m^3,干旱年份总用水量 5.409 亿 m^3。

4.2 水资源供需平衡分析

4.2.1 保持白洋淀水位 5.9m 水资源供需平衡分析

根据 1990～1999 年汛期(6 月 15 日至 9 月 15 日)白洋淀蓄水变化情况(详见表 6),中等年份入淀水量为 0.94 亿 m^3,干旱年份无水入淀。

表 6　1990～1999 年汛期白洋淀蓄水变化　（单位：亿 m^3）

年份	特征	6 月 15 日蓄水量	9 月 15 日蓄水量	蓄变量
1990	丰水	2.37	4.78	+2.41
1991	偏丰	4.04	3.61	-0.43
1992	干旱	1.90	1.68	-0.22
1993	干旱	1.16	1.10	-0.06
1994	丰水	0.33	3.04	+2.71
1995	丰水	1.81	4.98	+3.17
1996	偏丰	2.15	4.38	+2.23
1997	干旱	1.69	1.41	-0.28
1998	平水	1.39	2.33	+0.94
1999	干旱	1.05	0.81	-0.24

保持白洋淀水位 5.9m 水资源供需分析详见表 7。由表 7 可知，中等年份若能有 1.0 亿 m^3 左右的入淀水量，则可保持平衡；而干旱年份因无入淀水量，且耗水量增大，亏水 1.257 亿 m^3，应该由上游水库或跨流域调水解决。

表 7　保持白洋淀水位 5.9m 水资源供需平衡分析

代表年	需水量（亿 m^3）	补给量			余亏水量（亿 m^3）
		降水量（mm）	降水补给量（亿 m^3）	河流入淀水量（亿 m^3）	
中等年	1.511	507	0.619	0.94*	+0.008
干旱年	1.757	410	0.500	0	-1.257

注：* 近似按 1998 年汛期蓄变量计。

4.2.2　保持白洋淀水位 6.9m 水资源供需平衡分析

保持白洋淀水位 6.9m 水资源供需平衡分为两种方案：方案一，不考虑灌溉及工业供水；方案二，考虑淀周边 2.67 万 hm^2 灌溉用水及工业用水。分析结果列于表 8。

由表 8 可知，保持白洋淀水位 6.9m，不考虑灌溉及工业用水，中等年份亏水 1.403 亿 m^3，干旱年份亏水 2.837 亿 m^3；考虑淀周边 2.67 万 hm^2 灌溉及工业用水，中等年份亏水 2.995 亿 m^3，干旱年份亏水 4.909 亿 m^3。根据灌区灌溉设计保证率，建议选择方案一，其亏水水量由上游水库或跨流域调水解决。

表 8　保持白洋淀水位 6.9m 水资源供需平衡分析　（单位：亿 m^3）

代表年	需水量*		补给量		余亏水量	
	方案一	方案二	降水补给量	河流入淀量	方案一	方案二
中等年	2.962	4.554	0.619	0.940	-1.403	-2.995
干旱年	3.337	5.409	0.500	0	-2.837	-4.909

注：* 方案一不考虑灌溉及工业用水；方案二考虑灌溉面积 2.67 万 hm^2 用水及工业用水。

5　保护白洋淀生态平衡及实现淀区经济可持续发展的建议

综上所述,白洋淀主要生态环境问题是干淀与水污染,还有人口增长及淤积等问题。干旱年份来水量不足是导致干淀的主要原因,为了保持白洋淀生态平衡,实现淀区经济的可持续发展,建议采取以下措施:

(1)从体制上保障干淀不再发生。所谓体制上的保障,是指政府制定相关政策,采取无偿调水、有偿买水、节约用水等多种措施,确保干旱年份保持白洋淀生态水位5.9m。

(2)从源头上根治污染。保定市污水处理能力应进一步提高,以根本解决府河入口污染问题。周边各县乡镇企业严格执行污水达标排放的政策,排污未达标者限制排放。

(3)淀内纯水村人口密度过大,政府应进行总体规划,限制规模,适度外迁。

(4)开发旅游业的同时制定相关政策,防止旅游业造成白洋淀的再度污染。

(5)制定淀区清淤规划,分期实施。

参考文献

[1]加拿大斯坦利工程咨询公司等．海河流域环境管理与规划研究．1996
[2]白洋淀国土经济研究会等．白洋淀综合治理与开发研究．石家庄:河北人民出版社,1987
[3]王俊德．白洋淀环境管理与规划研究．河北水利水电技术, 1999(4)
[4]郭元裕．农田水利学．北京:中国水利电力出版社,1997
[5]孙建中等．海河流域水资源与地理环境．见:中国水问题研究．北京:气象出版社,1995

Application and Evaluation of Water - Saving Irrigation in North China*

1 Introduction

North China is one of the most important bases of coal and chemical industry, agriculture (grain and cotton), and animal husbandry. The total area of north-china is approximately 1.5 million km^2 consisting of 72% mountainous and hilly area and 28% of plain and basin area. The climate is primarily semiarid characterized by the average annual precipitation ranging from 150mm to about 700mm. The serious problem of shortage of water resources has been restricting the development of agriculture and industry in this area.

According to the statistics, about 80% of total amount of water consumed in this area every year is to supply to 6.87 million ha of corpped land. In recent years, many kinds of water-saving techniques and advanced irrigation methods such as lower pressure pipeline irrigation, sprinkler irrigation, micro-irrigation etc, have been introduced or practiced in this area. Some of the techniques have been proved great successfully. However, there are still some problems in practicing these techniques. The main purpose of this paper is to discuss and evaluate these techniques and to provide useful information and guideline to those presently doing research on the water-saving technique.

2 Application and Evaluation of Various Irrigation System

2.1 Lower pressure pipeline irrigation system

This irrigation technique, saving 30% ~ 40% of water by conveying water through buried or surface pipes, cutting down consumption of energy by working at lower pressure, transporting water rapidly and with higher efficiency and lower cost (450~900 RMB/ha), is very attractive to most farmers, especially in the area irrigated by wells. At present, 730,000 ha of land, 1/6 of total area irrigated by well, have been irrigated by the pipeline irrigation system. The length of pipelines has amounted to 58, 000 km. But the area irrigated by the pipeline system has been expended too rapidly, which caused much lower standard of completion that only 80 m pipes per hectare were laid. I would like to propose here that we should offer the priority to the area where water resources is very limited or to the area irrigated by well where ground water has been overexploited to adopt this technique.

2.2 Sprinkler irrigation system

It is apparent that a large amount of water may be saved by sprinkler irrigation

* 本文收入《Potentialities of Agricultural Engineering in Rural Devclopment》论文集第一卷，署名王文元、李陆泗。中文稿执笔王文元，翻译李陆泗。本文是提交1989年北京国际农业工程会议(ISAE)的论文。

compared with surface irrigation. This method can also save land and labor, and is suitable for various topographies. On the other hand, some disadvantages such as relatively high cost of equipment, more energy consumption, susceptible to wind etc, limit its wider application. Now 53, 300ha of land, accounting for 1% of the total irrigated area are irrigated by sprinkler system since it was introduced in 1970's. We drew the conclusion from our experience that developing the sprinkler irrigation must be in line with local condition, for instance large sprinkler system may be appropriate to orchard or vegetable field in the suburbs where the sprinkler system working frequently and farmers are able to afford to buy the sprinkler equipment, semi-fixed type may be suitable for a fluctuated topography where it is too difficult to adopt surface irrigation method, small-size sprinkler unit may be suitable for serving the area irrigation by well where ground water is limited.

2.3 Trickle and micro-sprinkler irrigation system

This method is usually regarded as a localized irrigation and the most efficient irrigation. Unfortunately, 4,000ha of land are only served by trickle irrigation while the micro-sprinkler irrigation is only being studied or extended since 1980's when it was introduced. In my opinion, this technique has not been really matured in our country until now, especially the problem in movement of trickle line which made it difficult to apply this method to field crops is still remained to be solved. On the other hand, the unitary type of filter made in our country, fewer type and lower-quality of dripper and micro-sprinkler have limited the application and extension of these methods. Even so we may still recommend these methods to be adopted in some orchards which located both in mountain areas and in some sandy land of the plains.

3 Prospects for the Water-Saving Irrigation Techniques

From the facts mentioned above we concluded that it is necessary to adopt the various water-saving irrigation techniques in North China. With the increasing national economy, with the irrigation techniques being daily perfected, and with the further improvement of irrigation equipment, we predict that all cropped area in North China must be served by the various advanced irrigation system, and the application, extension and researches of these techniques must be successful in the near future.

References

[1]Lou Puli. Water resources and hydropower engineering. 1988(4):3 - 4
[2]Yue Bing. Sprinkler irrigation technique. 1987(2):33 - 40

Rainfall Collection to Develop Courtyard Economy*

[**Abstract**]　This paper describes the basis of courtyard economy development, and indicates that to develop courtyard economy is an important way for people from poor to rich district, to collect rainfall is a major guarantee to develop the courtyard economy in water resources crisis area. After that authors put forward a relationship among the rainfall volume, catchment area and courtyard economy scale, found a relevant mathematical model for referring by users.

[**Keywords**]　Courtyard Economy; Rainfall Collection; Rainfall Collection Efficiency

Being a big agricultural country, the amount of farmers is above 80% of total population in China. Improvement on the farmer's living standard is a major sign of national economy development sound. Being additional link to agricultural production, being an effective source of farmer's income, developing courtyard economy has important realistic and historic significance in China, especially in outlying district where there are less people and more land.

1　Courtyard Economy is a Significant Way by Which People Become Rich in Poor Area

1.1　Courtyard economy history

Courtyard Economy has been developed on the base of courtyard plantation and breeding. In thousands of years, the land in the front of house and courtyard has been utilized for planting vegetable, fruit tree and breed livestock such as chicken, duck, pig and sheep in north county of China, which product is more for themselves than for others. This type is not courtyard economy. In 1980's, commodity sense being enhanced, village and town's business developed very fast courtyard, the small land , takes change rapidly , steps into commodity production from self-supporting production. Productive expert who are quick-witted, have rich information and know how to exploit their about 200 - 500m^2 courtyard in high effect. Guided by technology, plant product staggered busy market and they get huge benefit by seasonal price difference. Some become a dab of shed vegetable, some become mushroom king, some become grape professional household, even some cultivate rare medicinal materials, such as ginseng and American ginseng whose the benefit is more than one of others. The product of courtyard owns a part of market, so courtyard

* 本文收入《RAINWATER UTILIZATION FOR WORLD'S PEOPLE》论文集第1册(全文刊登),署名王文元、杨路华。中文稿执笔王文元,翻译杨路华。本文是提交第7届国际雨水利用大会的论文。该届国际会议1995年6月在北京举行,由中国地理学会水文专业委员会、中国科学院水问题联合研究中心以及中国水利学会水资源专业委员会主办。

plantation becomes into courtyard economy.

1.2 Courtyard economy is a significant way by which people become rich in poor area

The poor area generally lies in outlying remote district. Bad production condition and lag technology, but less people more land, large courtyard, rich labor, are suitable for developing courtyard economy. Because of lag economy, it is difficult to invest largely into agricultural production .Courtyard economy needs small fund, high product by low invest, develops step by step, simulates fund, lays a foundation for agricultural development finally.

Courtyard economy may add farmer's income remarkable. According to material of Heilongjiang province, if the courtyard area is $200m^2$, net cost of shed cucumber being 11.3 Yuan RMB per square meter, the total income reaches 2,260 Yuan RMB; net cost of shed grape being 5 – 7 Yuan RMB per square meter, the total profit is 1,000 – 1,400 Yuan RMB. In Hulin county of Heilongjiang Province, farmers have been planting ginseng in their $134m^2$ courtyard, got 2,345 Yuan RMB net profit, net profit is 17.5 Yuan RMB per square meter. According to statistics figures of Inner Monyulia autonomous region, the amount of peasant households who have exploited their courtyard has reached 36,000, make up 40 percent of the total amount of peasant households who have potentiality to develop courtyard economy, and emerge a rapidly increasing trend. Great plant kinds are suitable, for planting in courtyard, on the condition that plant kind is choosed according to local region, the net profit must be considerable.

Not only adding farmer's income, but also using the scattered plots of undeveloped lands, making use of elder and weak labor, utilizing spare time in winter season or busy season, and making full use of land resources, even time resources, plus good intensive cultivated tradition, economic benefit, social benefit, ecological benefit all is significant.

2 Rainfall Collection Guarantees Courtyard Economy Development in Water Deficient Area

Water resources is limited in China, especially in north China. For example, water resources deficient is nearly one third in normal year in north China. So improving the water resources effective utilization ratio is a strategy measure, particularly the direct utilization of rainfall is more valued than even. Courtyard economy is nothing without water, especially plantation. Water resources is restricted factor to get high yield. Becouse water resources condition is worse in poor area, where building the ground irrigation project or drawing ground water need much fund, it is difficult to carry out in poor area quickly. And by catching, collecting and storing projects, surface runoff of rainfall being stored, by water supplying system, water is supplied for farmers, which rainfall costs greatly. If drawing the ground water transformed by rainfall, it adds not only water cost, but energy consumption, which is more difficult in the remote or mountain region where hydrology and geology condition is complicated. For instance, a 40 – 60t/h water-cut well costs 60,000 – 80,000

Yuan RMB in the northwest plateau of Hebei Province, which farmers can't afford in poor area. No water, no courtyard economy, so collecting rainfall by simple catchment system which founded by themselves, supplying courtyard economy, is reliable method which solve irrigation water and people and livestock drinking water. Collecting rainfall falling into roof and storing in cellar in the courtyard, supplying for drinking water has rich history in water resources deficient village of Hebei and Shanxi Province. Popularize the simple collecting and storing rainfall project can solve the water demand of courtyard economy in water resources crisis area. In spite of small rainfall, but a mass rainfall comparatively, the amount in rain season is 70 – 80 percent of the total amount in whole year, and strong rainfall intensity makes possible to catch the rainwater falling into roof under circumstance that 30m^3 rainfall water can be guarantee water demand of 150 – 200m^2 courtyard crops. If saving water irrigation method, such as plastic film covering, is taken, the area is larger. It is said that rainfall collection and stored by every household can ensure the water demand of courtyard economy.

3 Discussion about Some Technology on Rainfall Collection to Develop Courtyard Economy

3.1 Relationship between catchment area and courtyard economy scale

Different region, different rainfall volume water, different water crop, different water demand; different project standard, different rainfall collection efficiency (the percent of collecting rainfall volume to total volume in the same area), plantation area in the courtyard can be determined according to local meteorology,. crop farmer's financial condition. The following is a referring formula for determining planting area.

$$\Omega = P\alpha A / I \tag{1}$$

where Ω——the plantation area in courtyard ,m^2;

P——the average rainfall, mm;

α——the water collection efficiency, %;

A——the crop raea, m^2;

I——the water demand of crop, mm.

In the above formula, the area of water collection mainly refers the area of house roof and courtyard in the front of house, which can be determined according to general farmer's household. The rainfall volume can be got from meteorology agency and the crop water demand can be referred to relevant experiment result. The key problem is to determine collecting water efficiency which needs investigation on water projects. Fig. 1 indicates the influences on water collection area by water collection efficiency. Water collection efficiency is relevant with rainfall intensity, rainfall volume and loss in the process of catching and collecting rainfall, so it should be determined by experiment and investigation. The relationship is indicated by the following example in which grape and vegetable is planted in

Huailai county of Hebei Province.

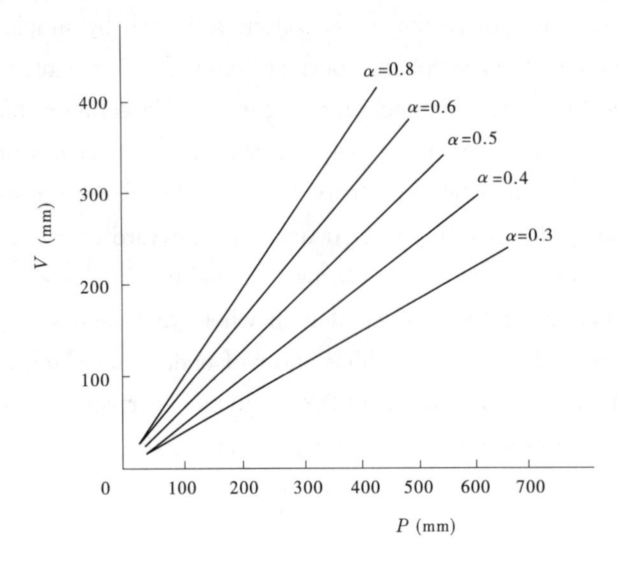

Fig.1 The relationship among water accumulation effeciency, water collection area and rainfall volume

The average rainfall is 431mm, while the total area of household is generally 400 – 500m^2, among which the area of roof is 98.0m^2, the yard area in front of house is 50m^2, total area is 148m^2, grape water demand is 450mm. Grape can directly utilizes the rainfall water half of its total water demand in the grape growth period, so water supply isonly 225mm. Assuming water collection efficiency as 0.6, 38.3m^3 water is obtained in perennial year according to Formula 1 and 0.225m^3 water is required per square meter, so 170.1m^3 can be figured out as plantation area. When the shed cucumber water demand is 500mm, Assuming water collection efficiency as 0.6, total collecting and storing water is 59.8m^3, plantation area is 117m^2. If plastic film covering or drop technology can be adopted in the shed, the area can expand to 1.5 – 1.8 times than original.

3.2 Arrangement form of water collection system in the courtyard economy

Because the courtyard and house structure vary, the rainfall collection water project should be designed and built according to concrete condition. As key project, storing pool is particularly valued which is designed not only to be sturdy and durable but also for convenient using and maintain. Building material should be drawn on local resources in order to reduce expense. Fig. 2 is typical plane of arrangement of the water collection project in the courtyard. Fig.3 is structure drawing for referring by users.

To sum up, rainfall collection to develop courtyard economy is important method, which increases farmer's income, helps people rich in poor area, makes full use of water resources by improving rainfall effective utilization ratio. Although courtyard economy is small to a household, it will play a role of changing the village look, should not to be ignored.

References

[1]Shuren Kang. Manual on Courtyard Economy Technology. Chinese Agricultural Society. 1990

[2]Chengzhong Dong. Expand and Apply of Drip irrigation Technology in Village. Sprinkle Irrigation Technology, 1993(2)

[3]Irrigation Agency of Water Conservancy Bureau. Analysis on the Different Irrigation Methods in Plastic Shed. Sprinkle Irrigation Technology, 1989(1)

Rainwater Utilization and Sustainable Agricultural Development*

[**Abstract**] Sustainable agricultural development depends on the sustainable utilization of the agricultural resources-water, soil, light, heat, air and fertility. Water resources is a critical factor for agricultural sustainable development in the arid and semi-arid areas. So whether the sustainable use of water resources can be achieved or not will directly influence the agricultural development. Yet at present, the situation of water resources utilization is worrying in this type of area. For example, in the North China Plain, not only the efficiency of the soil water resources is low and almost half crops is irrigated by heaven, but also the surface and ground water resources transformed from rainwater can not be used effectively. What's more, over-exploitation of ground water causes the decline of the shallow water table in plains to 20 - 30m and 50 - 70m depth of deep confined water, which causes further the serious consequences such as the decline of the city's surface, sea water's invasion in coast area, and desertification in inland rivers. If some effective measure were not taken to solve these problems, it would leave a bad effect to our children and agricultural sustainable development will not be realized.

Where are the answers? From now on, various effective measures should be taken to quicken the rainwater resourcefulization process, such as to raise rainwater transformation ratio, spread the small rainwater utilization projects, to control the soil water based on the weather forecast and soil water content, to expand water saving irrigation technology, and to raise the water utilization efficiency. If the water use-coefficient about 10% - 15% above the primary level of 0.53 only can be raised in the North China Plain, we can save water about 5.8 - 8.1 billion m^3. The phenomena of over-extraction of ground water will be eliminated. The agricultural sustainable development will be realized.

1 Preface

It is well known that sustainable development will become the theme of the 21 century. Agriculture is the material basis of existence and production which people depend on. Agricultural sustainable development is one of the critical factors of every country's stabilization, prosperity and progress. From the basic point of view, sustainable agricultural development depends on the resources' sustainable utilization, including land resources, water resources and light, heat and air resources, as well as fertilizer resources and so on. In relation to the arid and semi-arid district, there are enough sunlight, heat and air resources,

* 本文收入《INTERNATIONAL SYMPOSIUM & 2ND CHINESE NATIONAL CONFERENCE ON RAINWATER UTILIZATION》论文集(全文刊登),署名王文元,贾金生。中文稿执笔王文元,翻译贾金生。本文是提交《雨水利用国际学术研讨会暨第二届全国雨水利用学术讨论会》的论文。该国际会议1998年9月在徐州举行,由中国地理学会、中国科学院水问题联合研究中心以及江苏省水资源局主办。

so these factors are not restricting factors in agricultural sustainable development. Though land and fertilizer resources are restricting factors, they are not the decisive factors. Only water resources is the decisive factor for the agricultural sustainable development. This view has been tested by the agricultural development's process and the realities in drought and half-drought areas.

Water resources herein is not only surface and ground water resources based on narrow sense, but the rainwater based on the broad sense. In the current not all the rainwater has been looked as resources, the part transferring into river runoff and shallow ground water is looked as resources. With the development of science and technology, mankind's ability of making use of rainwater are being improved rapidly, so the rainwater resourcefulization process and ratio will be improved. Now, 8% - 12% rainwater is translated into surface water resources and 2% - 8% into ground water resources in the drought and half-drought district in our country. The amount of both is about 10% - 20%. So we can say that about 80% of rainwater is not regarded as resources. Yet, this part of rainwater plays a very important role in the agriculture. For example, in the North China Plain, most of rainwater is used by the crops during the winter wheat's growth period. As for the drought district where there is no irrigation and no agriculture, it is self-evident that agricultural sustainable development depends on the water resources sustainable utilization.

So it can be seen that rainwater links closely the agricultural sustainable development. Only if we can rationally make use of rainwater in scientific methods, agriculture sustainable development will come true. On the contrary, if it is used rather freely than as scientific rules, agriculture will not keep sustainable development.

2 The Worrying Present Situation

2.1 The ways of crops rainwater utilization

Fig. 1 shows the ways of crops rainwater utilization. One is through the soil's storing rainwater, the other is through the project measures to store rainwater or exploit ground water. People often notice the latter, that is, to build every kind of water projects to retain surface runoff or exploit ground water, in order to increase irrigation area. But the former has not been brought people's high attention, which leads to low control ability in soil water or "suitable rainwater" growth models. In fact, in the half-moist and half-drought district, owe to the serious shortage of the surface and ground water resources or other natural condition restriction, the irrigation area is only 40% - 60% of the cultivated land. So only we give much attention to the both sides, can we keep agricultural sustainable and stable development.

2.2 The worrying rainwater utilization and agricultural sustainable development present situation

The North China Plain, lying in the half-moist and half-drought district, is our

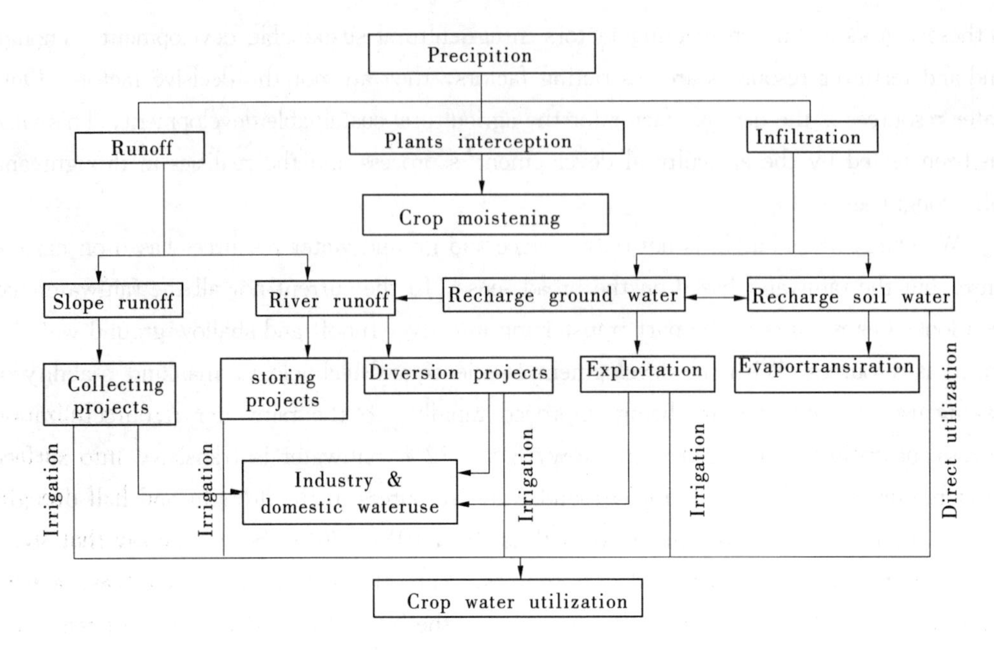

Fig. 1　Approaches of crop rainwater utilization

county's important commodity grain base. In last ten years, though the agricultural production is going up slowly, serious price has been paid, such as water resource's over-exploitation, water environment pollution and ecology deterioration etc, which is worth bringing our high attention. In dry land, it is also depending on the heaven, people's controlling ability is very limited, miniature family rainwater catchment projects play a key role in people and livestock's drinking. But these are in trial process, they have a limited effort to agricultural production. For the whole point of view, in the year of good weather for the crops, 0.6 – 0.8kg grain can be produced per millimeter rain. Yet in dry year, it is lower than 0.5kg/mm. It is still in a low and unstable developmental level. As for the irrigated land, the present situation is also worrying. It can't be denied, the yield of grain of North China Plain has shown a slowly going-up trend. For example, in Hebei Province, crop yield is about 20 million ton before 1990, while it is up 22.5 – 25 million tons. The increase of yield mainly depends on water. But there are also a serious consequences behind this achievement, such as over-exploitation of ground water about 3 – 4 billion m^3 and sharp decline in ground water level.

The price will be serious if we get agriculture product's temporary rising or maintain a suitable level on the base of the over-extraction of ground water. First, because of the over-extraction of ground water, it will lead to the decline of the water table. So the deeper the well is, the less water we can use, sinking a deep well means rejecting a middle and shallow well. And in the long run, it will lead to vicious circle. According to statistics, in the North China Plain, the ratio of rejecting well is up to more than 10% every year. It has caused extremely economic loss to farmers. Second, because of the over-extraction of ground water, particularly in urban area with great intensity, the speed of ground water table's decline is much fast (3 – 5m/a). Because of continuous decline of the confined water, the soil framework is concentrated, which can cause the reg ional earth surface's sink. For example, in Tianjin, the biggest sink amount is up to 2.46 m (Xiaowangzhuang). The area whose sink is above 1.2m is up to 114km^2, particularly Shanghai street of Tanggu district has been below the sea level. The sink in Beijing is 0.6m, and Taiyuan of Shanxi Province is 1.38 m, the sink Cangzhou City of Hebei Province is 0.7m. The sink of ground results in damage to the buildings on earth's surface,and it is difficult to estimate the economic loss. Third, the phenomena of the sea water's infiltrating into ground water have appeared in the coastal areas. For example, the area of sea water's invasion in Laizhou bay of Shandong province is up to 400km^2, in Qinhuangdao City, the infiltrating area is increasing every day and has become a range of 3.5km width and 5km length. As a result, many of the fresh water well has become salt water, well and Cangzhou City confronts the similar condition too. Fourth, because of the continuous decline of the ground water line, dry soil layer has become thicker and thicker. The phenomena of soil sandilization often occur. All these bring direct damage to agricultural production. Fifth, the quality of ground water has become bad. Because of the over-extraction of the deep fresh water, which causes the expansion from the shallow salt water layer to deep fresh water layer in the North China Plain, and because of the over-extraction of the deep third and fourth water-bearing stratum, the confined water line falls sharply, which causes the salt water to supply the confined water.

It is worth mentioning that there is severe lack of water, but there are also phenomena of wasting water in the North China Plain. The Phenomena of the artificial flooding irrigation and irrigation according to traditional habit exist commonly. The water utilization coefficient is low. It is 0.4 – 0.6 in canal irrigation areas and 0.6 – 0.8 in the well irrigation areas. The water production efficiency, including irrigation water and effective rain, is only 0.5 – 1.0kg/m^3, while it is 2.0 – 2.5kg/m^3 in Israel. The waste of irrigation water not only causes farmer's economic loss, but also causes groundwater pollution with the pesticide residue entering the shallow underwater with water's percolation, because of the seepage of irrigation water. It should be paid highly attention to this problem, which is more and more serious.

In a summary, there are serious problems in rainwater utilization no matter the direct rainwater utilization or derivated surface and ground water resources utilization. These problems have been caused negative effect on resources, environment and ecology. The agricultural sustainable development faces serious challenge.

3 The Terrible Prediction Result

Through the proceeding analysis, at present, there are a series of problems in rainwater utilization and sustainable agricultural development. If the vigorous measures are not taken, let things run their course, the consequence is dreadful to contemplate. For example, if let the over-exploitation run its course in the North China Plain, the depth of groundwater in the cities around the Beijing-Guangzhou Railway will drop from 2 – 3m in the 1970 s to 20 – 30m at present, and drop to 40 – 60m twenty years later. In Eastern Plains the depth of ground water table will drop from 0 – 5m in 1970 s to 50 – 70m at present, and drop to 100 – 150m twenty years later. On the occasion, the consequence will be appeared. Firstly, the ground sink of City will be furthered. For example, at present the amount of ground sink in Xiaowangzhuang of Tianjin City is 0.13m/a. The accumulated surface sink is 2.46m from 1970 to 1989. It will reach 5.0m in 2010. So the Tianjin City will drop under sea level. Secondly, the scope of sea water invasion will expand rapidly in eastern coastal cities. The environment of agriculture production is destroyed. According to the analysis on information of Guangrao of Sandong Province, the rate of sea water invasion is 150m/a. Sea water will invade further 3.0km in twenty years. The developed coastal areas will sustain tremendous pecuniary loss owing to lack of industrial, living and agricultural water. Thirdly, the situation of soil desertification is severe. Because of the rapid descending of the shallow groundwater, the dried soil layer is thicker than before. The river and lake are dried up, so the river bed and the areas around lake will be sandy gradually. Soil is threaten by desertification. The situation of Haihe River in the North China Plain is especially serious. Fourthly, owing to the descend of water table by a big margin, the first and second water layer dried up in front of mountain area. So the third and fourth water layer will not be supplied in the eastern plains. Not only the lifting water cost will increase, but also the irrigation land will become non-irrigated farmland. The environment of agricultural production will be further deteriorated. Fifthly, the pollution is sharpening, the water resources available is reducing. According to international information, space of water layer is recharged by air after the underwater table of city drops. Owing to chemical reaction and organic chemistry consumption of oxygen, it will form oxygenless air. While it escapes from underground and enter the atmosphere, it will harm to the people's health. According to the information analysis, oxygen content is 21% the norm. When it reduces under 14%, people will lose consciousness. And when it reduces under 10%, the central nervous system will be destroyed.

In a word, if the over-exploitation is not reversed rapidly, we will have no way of taking the agricultural sustainable development. Furthermore, our life will threaten.

4 The Ways to These Problems

The situation of agricultural sustainable development in semi-moist and semi-arid districts is severe and the existed problems in the rainwater utilization is serious, but it is not powerless to reverse the situation. The prospects of agricultural sustainable development is optimistic and it is likely to be realized. This requires us to take the science and technology as leader, to quicken the process of rainwater resourcefulization, to raise the transform ratio of rainwater resources, to eliminate the present phenomena of wasting water resources and to raise the ratio of the water effective utilization. Only rainwater resources sustainable utilization can assure the agricultural sustainable development.

4.1 Quickening the process of rainwater resourcefulization and raising the transform radio of rainwater resources

Fig. 2 is the frame figure of rainwater resources transferring process. Here, we regard the soil water resources as one part of the water resources. From Fig. 2, we can see that we should select a better way to control surface, ground and soil water resources if we want to

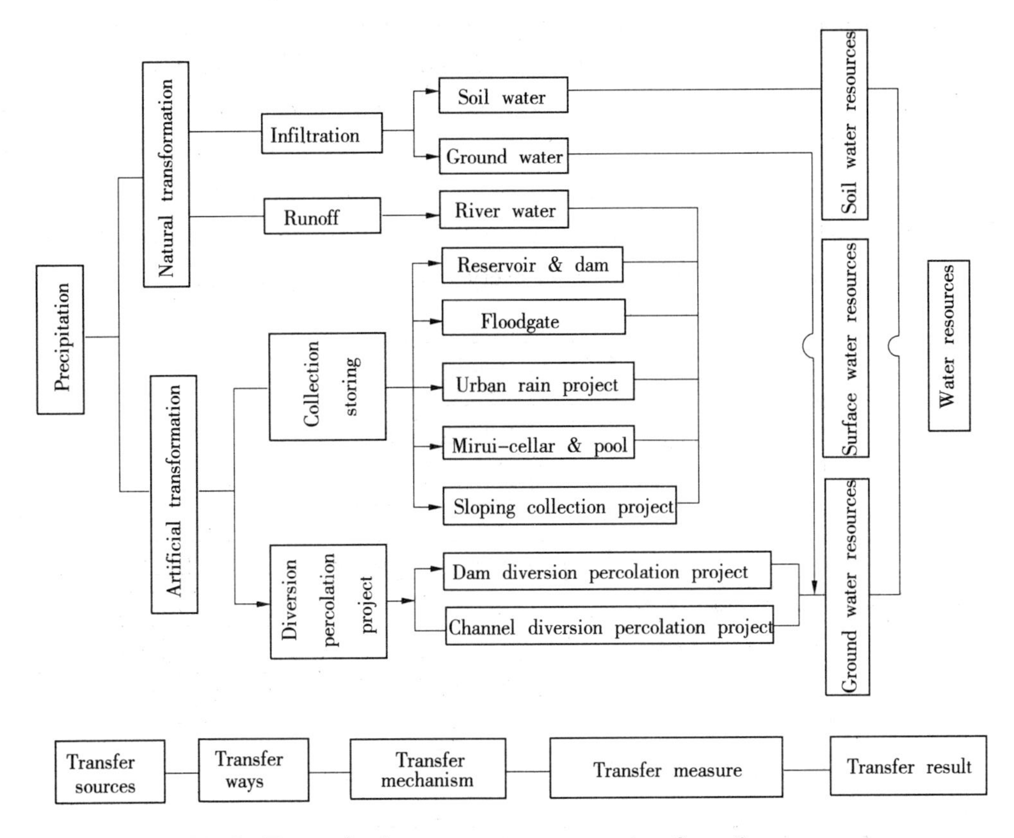

Fig. 2 Frame of rainwater—water resources transformation process

raise the transform ratio of water resources. But there is contrary relation between these three parts, that is the total amount of rainwater is constant, the more infiltration will lead to the less runoff, the more ground water, the less soil water. But from the view of agricultural sustainable development, we should increase the capacity of controlling the three parts. As far as the surface water of the North China Plain, though there are reservoirs in large rivers to control and store water, the middle and small rivers have potentiality to store water, particularly the small and miniature water storing projects in the hills should be spread largely, which can solve the problem of people and livestock's drinking. On the other hand, enhancing the work of the conserving water and soil in the hills, is good to cut down flood peak, control flood and retain the runoff. So we should make full use of the drainage water of flood season to recharge ground water by diversion and percolation. In this respect, Xiong county of Hebei Province had made an outstanding score. And with regard to soil water resources, the important the water reserves available by scientific adjustment and to enlarge the soil water storage capacity by making full use of the weather and soil water content forecast before the rain season, to recharge during the rain season. And at the same time, we can enhance the crop conservation water measures and reduce soil evaporation in order that irrigation water can be reduced in irrigated land and soil water can be increased in dry land. All these are equal to increasing the quantity of water resource. Based on the trial result of water saving irrigation in Jing County of Hebei Province. Winter wheat stores fully large quantities of water during the rain season and during the middle and later period makes use of soil water from 1m to 2m depth. This can cut down one or two times of irrigation in contrast with the original irrigation schedule, and the amount is about 75 − 150mm irrigated water quantity, and Hebei Province can save 2 − 4billion m^3 water. Only this one section is equal to the over-extraction of ground water every year of whole province.

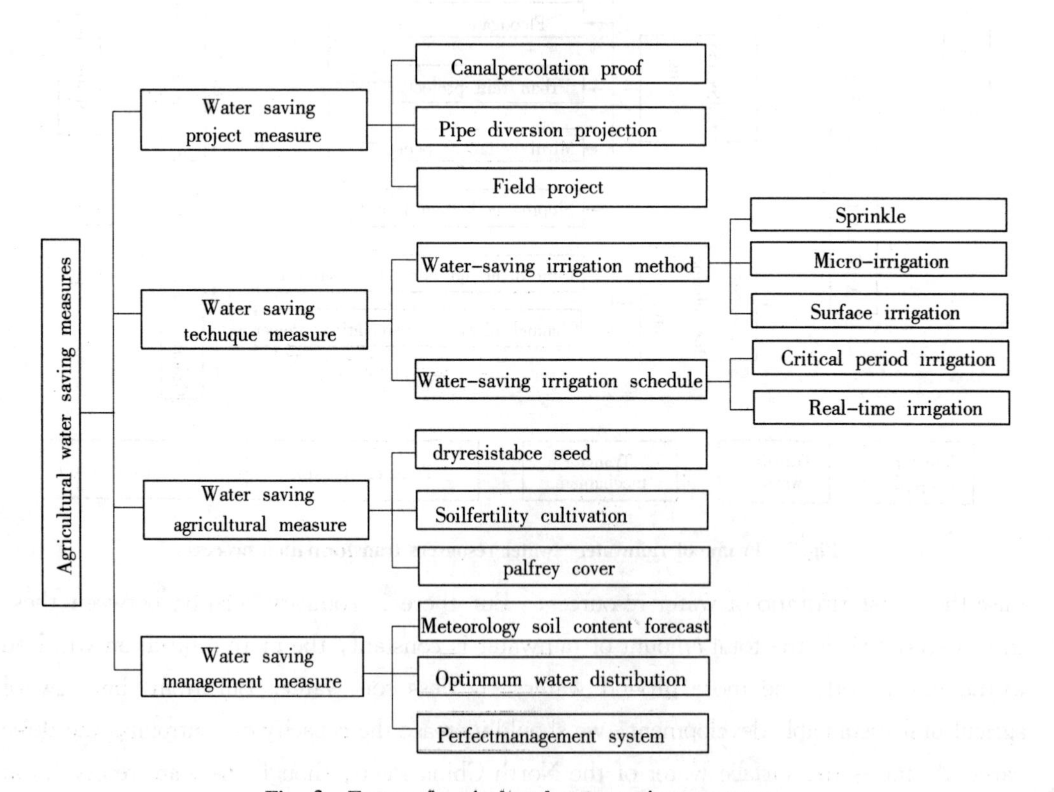

Fig. 3 Frame of agricultural water saving measures

4.2 Spread water saving irrigation technology, enhance the effective use ratio of irrigation water

To counter the phenomenon of wasting water resources in the North China Plain, we should enhance the consciousness for saving water, at the same time, adopt the engineering, biological and management measures to develop scientific using water and saving water. Fig.3 shows all kinds of measures of agricultural saving water. It is analyzed that if the water utilization coefficient of the canal irrigation area and well irrigation area can raise 10% - 15% more than the primary level of 0.53, by taking water saving measures, we can save water about 5.8 - 8.1 billion m^3 in normal year only in North China Plain. And this value is equal to the water shortage of agriculture in normal years.

It can be stated clearly from these analyses that there will be very great expect to realize the agricultural sustainable development in the half-moist and half-arid area if we take some useful and essential measures, raise of rainwater transferring ratio and spread the agricultural water saving measures energetically.

References

[1]Liu Changming et al. Research on China water problems. Meteorology Press, 1996

[2]Shen Zhenrong. Scientific Experiment & Research on Water Resources. China Scientific & Technology Press, 1992

[3]Chen Baoren et al. Dynamic & Prediction in Ground Water. Scientific Press, 1988

[4]Agricultural Water Saving Research. No, 57-03-03 Team, 1990

[5]Shen Hengli. Agricultural Ecology. China Agricultural Press, 1993

第二篇　节水灌溉试验与工程考察

喷灌条件下冬小麦的耗水特性与喷灌制度分析*

新中国建立后,我国不少水利与农业科研单位进行了多次冬小麦灌溉制度的试验研究,对于畦灌条件下冬小麦的耗水特性与灌溉制度做了大量的分析,已取得较完整的资料。但是,对于喷灌条件下冬小麦的耗水特性与灌溉制度,则因喷灌历史不长,资料尚少。1978年6月我国首次引进美国"伐利"中心支轴式喷灌机,安装于河北省宁晋县大曹庄国营农场,随即由中国农科院农田灌溉研究所、河北省水科所、河北农业大学与大曹庄农场等单位对喷灌冬小麦开展了田间对比试验研究,目前,试验已进行两年。本文试图根据已有试验成果,参考临近地区资料,对喷灌条件下冬小麦的耗水特性与喷灌制度做初步分析,并对冬小麦耗水量的预报做初步探讨。

1　喷灌条件下冬小麦的耗水特性

冬小麦耗水量的大小,取决于叶面蒸腾量与棵间蒸发量。它的影响因素比较复杂,有作物本身的生长状况;有作物生长的外部环境,如气象条件,土壤水分条件等;还有人为的农事管理措施,如种植密度、中耕次数,施肥多少及灌水方式等。其中主要影响因素则为气象条件。试验资料表明,冬小麦全生长期的耗水规律与气象因素(包括气温、日照、相对湿度以及风速等)的变化密切相关,这就为通过天气预报预测作物耗水量的变化提供了依据。

1.1　喷灌条件下冬小麦的耗水规律

试验所在地——大曹庄农场,地处河北省宁晋泊边缘,多年平均降水量500mm,多年平均蒸发量1 700mm,土壤以黏土居多,地下水埋深多在10m以下。试验地块耕层土质为粉质黏土,1m剖面以黏土为主。其物理性质指标见表1。

表1　试验田块土壤物理性质

处理	喷灌			畦灌		
土层厚度(cm)	0～30	30～60	60～100	0～30	30～60	60～100
容重(g/cm^3)	1.23	1.41	1.38	1.22	1.42	1.38
田间持水率(占干土重%)	24.5	29.0	30.0	25.0	28.0	31.0

试验中观测土壤水分仍用取土烘干法,每隔10～15天观测一次,取土深度1m,根据剖面质地分为8个层次。1978～1979年度冬小麦耗水量见表2。不同生育阶段日平均耗水强度变化过程见图1。

由图1可以看出,冬小麦灌水方式的改变,仅对各生育阶段耗水量的大小有所影响,

* 本文收入《1980年河北省水利学会论文选集》(上册),署名王文元、贾有源,执笔王文元。本文是根据主持的《引进"伐利"时针式喷灌机田间试验及改革试验研究》项目田间试验部分成果写成的,该项目研究成果1986年获河北省科技进步四等奖。

表2　1978～1979 年度冬小麦耗水量

生育阶段		播种—分蘖	分蘖—越冬	越冬—返青	返青—拔节	拔节—抽穗	抽穗—灌浆(乳熟)	灌浆(乳熟)—收获	合计
日期(日/月)		25/9～16/10	17/10～15/12	16/12～11/3	12/3～2/4	3/4～4/5	5/5～3/6(8/6)	4/6(9/6)～16/6	
天数		22	60	86	22	32	30(35)	13(8)	265
阶段耗水量(mm)	喷灌	41.8	39.7	47.1	26.7	93.0	177.8	4.25	430.4
	畦灌	41.0	46.5	54.2	23.2	114.1	150.4	16.9	446.3
日平均耗水量(mm)	喷灌	1.90	0.66	0.55	1.21	2.91	5.1	0.53	
	畦灌	1.86	0.78	0.63	1.05	3.56	5.0	1.3	

注:畦灌计算耗水量时已扣除了渗漏损失;括号内数字为喷灌处理的数据。

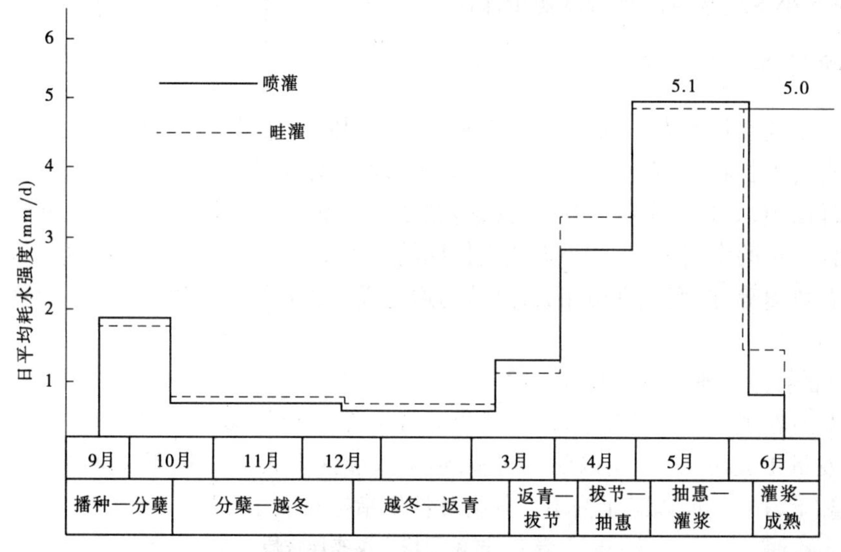

图1　1978～1979 年冬小麦日平均耗水强度过程线

而对耗水规律无明显影响。在产量水平相近的情况下(喷灌小区 5 745kg/hm², 畦灌小区 5 827kg/hm², 无论是各生育阶段的耗水量,还是总耗水量都比较接近(当然灌水量是大不一样的,喷灌因避免了深层渗漏,较畦灌减少了一半左右)。而且在同一作物年度耗水高峰出现的时间与峰值也都相一致。但是,不同的作物年度,因气象条件的差异,即使灌水方式相同,耗水高峰出现的时间及其峰值都会有所不同。图 2 为喷灌小区 1978～1979 年度和 1979～1980 年度冬小麦日平均耗水强度过程线。

图 1 及图 2 都可看出,冬小麦播种后,出苗至分蘖是冬前的耗水高峰。此期,因植株矮小,耗水以棵间蒸发为主,耗水强度 2mm/d 左右。虽然此期耗水强度不大,但因是争全苗、壮苗,为高产打基础的关键时期,所以供水一定要满足作物的要求,不可大意;越冬期气温降至零度以下,小麦地上部分生长停顿,耗水强度降为最小值;返青以后,气温逐渐回升,生长日趋旺盛,耗水强度不断加大,至拔节期田面基本为叶面覆盖,耗水转以叶面蒸腾为主;抽穗至灌浆初期,日耗水强度达到峰值,可达 5mm/d 以上,此期作物对水分敏感,是

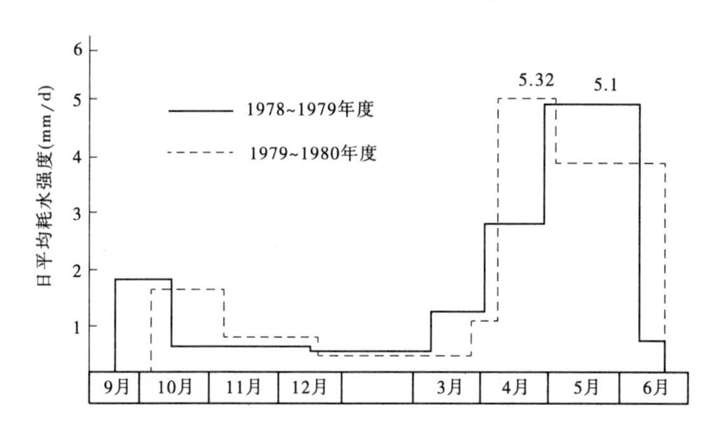

图 2　不同年份喷灌小麦日平均耗水强度过程线

小麦的需水临界期,若供水不足将导致小花退化,减少穗数、粒数,并影响千粒重,应特别引起注意。灌浆中后期,作物生长渐衰,耗水渐减,但因是夺高产的最后环节,供水一定要适量,且注意严防倒伏。

1.2　喷灌冬小麦日耗水强度与气象因素的相关分析及日耗水强度的预报

前已提到,冬小麦耗水强度的影响因素比较复杂,为便于分析耗水强度与气象诸因素的相关性,先做如下处理:对于人为的管理措施(如施肥、中耕等),因各年差异不大,作为固定因子看待;对于土壤水分状况,虽灌水(或降雨)前后变化较大对耗水强度影响明显,但我们取灌水前后一段时间(5～10 天)的平均值,或将土壤水分保持在作物适宜含水率的某个范围内,则亦可先将土壤水分因子视为定值而后再作处理;对于作物生长状况,虽然苗期、中期、后期差异悬殊,叶面积系数变值很大,但如果我们只针对某个生育阶段进行分析(例如对拔节后叶面基本封行期间),则亦可视为定值。因此,对某生育阶段而言,小麦日耗水强度变化就主要取决于气象因子,包括气温、湿度、日照、风速以及反映它们的综合指标——蒸发量等。

由于小麦生育期中,苗期耗水强度较小,用水不紧张,易于把握灌水时机,不作为分析重点。而返青后,特别是拔节至灌浆期,气温高、耗水强度大,作物又对水敏感,一旦灌水不及时,将严重影响产量,因此作为分析重点。为分析耗水强度与气象因子的相关关系,以 1979 年 4～6 月份实测资料为依据(见表 3),分别点绘单因子相关图(见图 3～图 6)。

表 3　实测资料

日期 (日/月)	天数	平均耗水强度 (mm/d)	平均蒸发强度 (mm/d)	日平均气温 (℃)	日平均相对湿度 (%)	平均日照 (h/d)
3/4～9/4	7	3.9	6.4	9.78	69.7	7.5
15/4～19/4	5	3.1	3.9	11.64	74.4	4.2
28/4～4/5	7	4.5	9.5	16.17	63.9	8.7
5/5～15/5	11	3.6	6.1	15.99	81.2	6.7
15/5～20/5	6	5.44	9.12	18.77	78.2	11.4
20/5～26/5	7	5.03	10.75	22.10	61.9	10.2
27/5～3/6	8	6.13	10.0	24.35	50.4	7.7

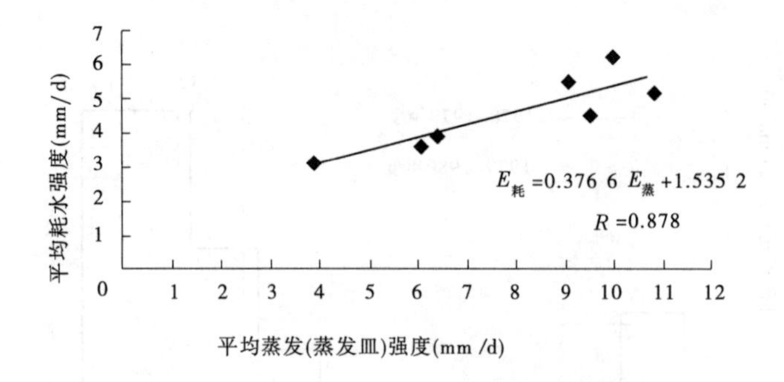

图 3　小麦耗水强度与水面蒸发强度相关图

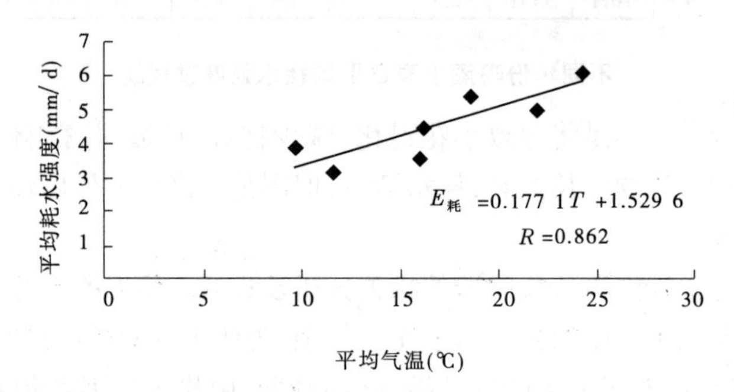

图 4　小麦耗水强度与日平均气温相关图

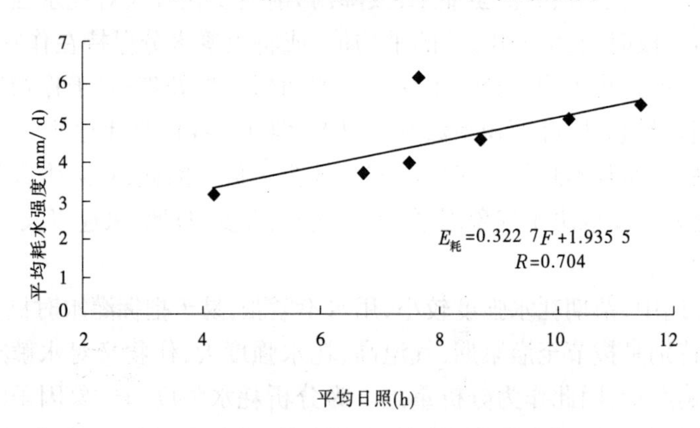

图 5　小麦耗水强度与平均日照相关图

从图 3～图 6 可以看出,此期小麦耗水强度与水面蒸发强度、气温、相对湿度及日照均有密切相关关系。相关系数(R)分别为 0.878、0.862、0.704 及 0.645。其显著水准均达 0.01。根据最小二乘法原理,经计算分别建立下述单因子相关的回归方程式:

$$E_{耗} = 0.377E_{蒸} + 1.535 \quad (1)$$

$$E_{耗} = 0.177T + 1.530 \quad (2)$$

$$E_{耗} = 0.323F + 1.936 \quad (3)$$

$$E_{耗} = 9.01 - 0.065P \quad (4)$$

式中　$E_{耗}$——平均日耗水强度,mm/d;

$E_{蒸}$——平均日水面蒸发强度(小型蒸发皿),mm/d;

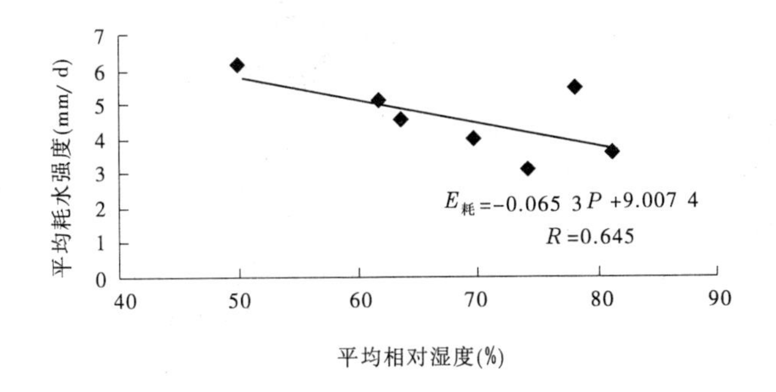

图 6　小麦耗水强度与相对湿度相关图

T——日平均气温,℃;

F——平均日照,h;

P——日平均相对湿度,%。

当某段时间(5～10 天)的蒸发强度($E_{蒸}$)已知时,可由公式(1)计算出该时段内小麦的日耗水强度($E_{耗}$)。由于目前的天气预报尚不能直接预报蒸发强度,公式(1)的应用受一定限制,为实现由短期气象预报推算作物耗水强度,用以指导灌水工作,有必要建立一个包括各主要气象因子的多元回归方程式,即建立作物耗水强度($E_{耗}$)与气温(T)、日照(F)及相对湿度(P)的关系式。

在单因子回归的基础上,采用综合法,并以各单因子相关的密切程度(显著水准值)作为加权值,将公式(2)(3)(4)综合而得:

$$E_{耗} = 0.057T + 0.113F - 0.032P + 4.63 \tag{5}$$

根据公式(5)可以制成图表(本文略)以便于查用。

上述公式建立在土壤湿润层含水率控制在田间持水率的 70%～90% 范围内,由实测资料统计分析而成,当土壤含水率不在上述范围内,建议将求得的 $E_{耗}$ 值乘以修正系数 β,即

$$E'_{耗} = \beta E_{耗} \tag{6}$$

式中 β 为土壤水分修正系数。据实测资料分析,当湿润层含水率变动于 60%～80%(占田间持水率的百分比,下同)时,可取 $\beta = 0.75$;当湿润层含水率变动于 80%～100% 时,可取 $\beta = 1.25$。

值得指出的是,由于资料年限很短,而且来源局限于大曹庄农场的特定条件,因此只能提供分析方法及公式的数学模型,以供参考。

2　喷灌条件下冬小麦灌溉制度

掌握作物不同生育阶段的耗水强度,将为制定合理的灌溉制度提供科学依据。但是,这对制定合理的灌溉制度还是很不够的,还需要掌握作物主要湿润层深度、不同生育阶段土壤适宜含水率的范围、灌水周期以及作物各生育阶段的需水特性等,才能正确的制定灌水定额、灌水时间与灌水次数。

关于作物不同生育阶段土壤适宜含水率范围的资料,已比较完整,本文不再涉及,仅

结合喷灌的特点对土壤适宜湿润层深度、灌水周期、不同生育阶段的灌水时间、灌水次数谈谈粗浅看法。

2.1 土壤适宜湿润深度、灌水定额与灌水周期

喷灌冬小麦的湿润深度,有的资料建议定为 0～40cm,由于对根系集中分布层的观测资料尚少,还难以确认。根据大曹庄两年的资料分析,当播前底墒较足,又能根据耗水情况适时喷灌的情况下,主要耗水层深度为:播种至拔节前为 0～40cm,拔节至灌浆则基本为 0～60cm,见表 4。

表 4　喷后 5～7 天土壤含水率变化值

生育阶段	观测日期	土壤含水率(占干土重%)							
		0～10 cm	10～20 cm	20～30 cm	30～40 cm	40～50 cm	50～60 cm	60～80 cm	80～100 cm
分蘖	1978 年 10 月 9 日	20.8	22.0	24.2	29.1	29.8	29.6	30.2	31.6
	1978 年 10 月 14 日	17.3	21.0	21.3	26.0	29.5	29.3	29.3	30.3
拔节	1979 年 3 月 21 日	21.3	21.2	21.8	23.7	23.8	24.0	24.5	26.2
	1979 年 3 月 27 日	19.6	18.1	20.1	22.1	23.8	23.8	22.3	26.3
灌浆	1979 年 5 月 20 日	23.0	22.8	22.4	26.2	22.8	23.0	26.1	28.4
	1979 年 5 月 26 日	16.2	17.3	18.7	19.4	20.5	21.2	26.3	28.4

不同阶段耗水层变化的主要原因是作物根量的分布状况发生了变化。根据河北农业大学农学系在畦灌条件下观测的资料(见表 5),可以明显的看出这一变化。泰 1 品种冬小麦拔节期 0～40cm 土层根量已占总根量的 91.5%,冀麦 7 号已占 92.3%。随着根的发育,到了抽穗期, 40cm 土层根量比例,泰 1 降至 89.5%,冀麦 7 号降至 83.7%;0～60cm 根量则分别占 96.3%和 93.9%。当然,由于喷灌水量较小,灌水及时,耕层湿润较好,其根量的分布比例,浅层(0～40cm)根量将比畦灌有所增加,但随着根的发育,浅层根量比例下降的趋势是必然的。因此,我们认为将喷灌条件下,冬小麦全生育期湿润深度固定为 40cm 不够合理。我们建议:拔节前取为 40cm,拔节后取为 60cm。

适宜湿润深度与适宜含水率的范围确定后,可由下式计算灌水定额:

$$m = 0.1\gamma h(\omega_{上} - \omega_{下}) \tag{7}$$

式中　m——灌水定额(净),mm;

γ——土壤容重,g/cm^3;

h——土壤适宜湿润深度,cm;

$\omega_{上}$、$\omega_{下}$——土壤适宜含水率上、下限(占干土重%)。

表 5　不同生育阶段根量分布状况

品种	观测日期（日/月）	生育阶段	根量比例（%）			
			0～20cm	20～40cm	40～60cm	60～200cm
泰 1	18/4	拔节	87.6	3.9	2.1	6.4
	13/5	抽穗	69.5	20.0	6.8	3.7
冀麦 7 号	18/4	拔节	75.4	16.9	5.3	2.4
	13/5	抽穗	52.6	31.1	10.2	6.1

掌握了灌水定额（m）并知道不同生育阶段的耗水强度（$E_{耗}$），可由下式计算灌水周期：

$$T = \frac{m}{E_{耗} - P - K} \tag{8}$$

式中　T ——灌水周期，d；

P——灌水周期内的有效降雨量，mm；

K——灌水周期内的地下水补给量，mm。

如灌水周期内无降雨及地下水补给，则公式(8)变为：

$$T = \frac{m}{E_{耗}} \tag{9}$$

例如，大曹庄农场实测资料，用水高峰期（抽穗至灌浆）平均日耗水强度 5.0mm，试验区 0～60cm，土层容重 $\gamma = 1.32g/cm^3$，田间持水率 = 26.8%（占干土重%），适宜含水率上限为 $0.9\omega_{田}$，下限为 $0.7\omega_{田}$，湿润深度 h 取为 60cm，则一次灌水净定额为：

$$m = 0.1 \times 1.32 \times 60(0.9 \times 26.8 - 0.7 \times 26.8) = 42.5(mm)$$

由于地下水埋深 10m 以下，没有地下水补给，若此期无降雨，则灌水周期为：

$$T = 42.5/5.0 = 8.5(d)$$

根据实测资料，在小麦抽穗至灌浆初期，喷灌净灌水量为 40mm 时，灌后 8～9 天，0～60mm 土层含水率即由上限降至下限，与计算值基本吻合。

2.2　不同生育阶段的喷灌时间与喷灌次数

掌握了不同生育阶段作物耗水强度以及降水量、地下水补给量、土壤适宜湿润层深度以及适宜含水率范围等基本资料后，可由公式(7)、(8)计算出灌水定额及灌水周期。如果再已知播种时的原始土壤含水率，则可根据土壤耗水速率，利用水量平衡原理，很容易确定灌水时间与灌水次数。但是，水分虽然是作物高产的重要因素，却不是唯一的因素，单纯从水量平衡的观点，机械的“耗水—补水”，将无法发挥“以水调肥”，“以水调气”，以水“促”、“控”苗情的主动作用。相反，还可能导致盲目的增加灌水量，以为这是增产的唯一途径，结果白白浪费了宝贵的水资源，却无法收到预期的增产效果。因此，虽说掌握作物耗水动态,从而确定灌水定额、灌水周期是十分重要的,但在具体实施时,一定要重视把握灌水时机,要根据作物生育特性与苗情确定灌水时间。比如对于喷灌,喷水时间应该错开扬花期,以免影响授粉;对于返青至拔节期,应根据不同苗情(弱苗或壮苗),合理的确定灌水时间,保持不同的土壤水分状况,以达到"促"、"控"苗情的目的。

下面根据大曹庄农场两年的试验,参考临近地区的资料,就喷灌条件下,冬小麦的灌水管理谈几点看法。

2.2.1 苗期底墒要足

苗期的主攻方向是争苗齐、苗壮,这是为高产打基础的关键环节。两年试验遇到了不同的情况。1978 年,播前底墒充足,0~60cm 土层含水率达田间持水率的 85%~100%,喷灌机在此期喷水 3 次,累计灌量 38.3mm(实际喷两次即可),仅补表墒之消耗,结果苗齐、苗壮,长势喜人,获得 5 745kg/hm^2 的产量;1979 年,因播前干旱无雨,又是接晚茬玉米,播前 0~60cm 土层含水率仅为田间持水率的 60%~70%。虽于冬前喷灌 5 水,累计灌量 107mm,仅使 0~60cm 土层含水率达田间持水率的 75%~80%,产量仅 3 525 kg/hm^2,远不如 1978 年。而且,与同年畦灌相比,虽出苗时因喷灌灌水及时、灌水均匀比畦灌出苗齐整,但畦灌冬前灌了两水,补足了底墒,到 1980 年 5 月 5 日调查,畦灌区株高已赶过喷灌。两年的试验说明,底墒足与否对培育壮苗十分重要。据河北农大农学系观测,冬小麦初生根生长深度可达 2m,而次生根仅发育 20cm 左右,相比较而言,苗期初生根作用明显,因此底墒状况直接影响苗情。

综上所述,苗期灌水,在底墒(40cm 以下土层)、表墒(0~40cm 土层)均较好的情况下,仅补表墒之消耗,一般喷灌 2~3 次,累计灌量 40~60mm;如果底墒不足,则不但喷灌次数要增加,一次灌量亦需加大,应视底墒失墒程度而定,一般应于冬灌时将底墒补足,使 0~60cm 土层含水率不低于田间持水率的 90%。

2.2.2 返青至拔节期灌水要灵活

此期的主攻方向是争穗足、穗大。返青以后,气温回升,植株生长日趋旺盛,出现个体与群体、生殖生长与营养生长两对矛盾,只有正确处理这两对矛盾,才能求得穗足、穗大。此时,单纯从"耗水—补水"的角度去灌水就无法协调这两对矛盾,必须根据当时的土壤墒情、作物苗情(旺苗、壮苗或弱苗)以及群体动态,决定是"促"还是"控",再定灌水时间及水量。对于旺苗、壮苗,均需"控",保持土壤水分不低于适宜含水率下限即可,防止植株徒长,群体过大,后期倒伏。据试验区 1979 年 3 月 15 日观测,0~30cm 土层含水率达田间持水率的 90%,30~60cm 土层接近田间持水率,因此不但未灌返青水,拔节水也推迟到拔节中期(4 月 11 日)才结合追肥灌了一水。结果最高分蘖达 1 560 万株/hm^2,群体适当。对于冬前的茬麦,因播期晚,分蘖少,苗情欠佳,则宜"促"不宜"控",应视天气及地温条件尽量提早灌水。

返青至拔节期,一般灌水 1~2 次,应视降雨情况而定。当墒情不好时,适当增加 1 水,根据此时耗水强度,灌量一般 30mm,间隔 10~15 天。值得注意的是,如果冬前没有补足底墒,此期应适当加大灌量(40mm),以求尽量补足底墒,为进入耗水高峰期打下良好基础。

2.2.3　孕穗、灌浆期灌水时机要好

此期的主攻方向是争粒多、粒重。孕穗至抽穗期，小花进一步发育，灌水时机是否得当，直接影响小穗粒数的多少。1978～1979 年度试验中，喷灌Ⅲ区，因孕穗水较正常处理推迟 6 天，致使穗粒数较正常处理的小区少 2.0 个。此期作物对水分敏感，且又将进入耗水高峰期，日耗水强度大，应予十分重视。此期土壤水分应尽量不低于田间持水率的 80%。所以，喷灌机一次喷水量应适当加大至 40～45mm。

扬花以后，小麦进入灌浆期，是争取千粒重高的关键时期。此时灌水，既要防止因供水不及而“早衰”，又要防止因灌水频繁、灌量大而“贪青晚熟”，还要防止因灌水时机不当而“青枯逼熟”，并要注意干热风的危害。

1979 年试验区在灌浆期喷了两水，分别在 5 月中旬和 5 月底。由于进入灌浆期前底墒充足，虽两水只灌了 74mm，仍使 0～60cm 土层含水率保持在田间持水率的 72%～88%，直至收获前 10 天才降至 55%，故千粒重较高，达 40～42g。而 1980 年试验区小麦因进入灌浆期前，底墒一直没有补足，虽在此期加大了灌量，喷了两水累计灌量 88mm，但 30～60cm 土层含水率只保持在田间持水率的 55%～70%，大大低于去年，影响了灌浆速度。再加上在 5 月下旬连续高温的基础上，6 月初突降大雨，气温骤降 6℃，地温下降 5℃，雨后放晴，气温又骤升，蒸发强烈，使已衰老的根系无法适应，造成雨后根系供水不及，植株因生理缺水而“青枯逼熟”。千粒重仅有 33.85g，比 1979 年降低了 7g，农民称这场雨为“药雨”、“催命雨”。

灌水对气温、地温的影响虽然没有降雨那么显著，但对灌浆中后期的灌水也必须十分谨慎，既要防止灌水时遇风倒伏，也要防止“青枯逼熟”。

灌浆水一般两水为宜，一次灌量 40～45mm，根据此期日耗水强度 5.0mm 以上的试验成果，灌水间隔以 8～9 天为宜，应于收获前 15～20 天灌完。

有的资料还主张灌麦黄水。据河北农大农学系资料，此时灌水（特别是井水）会降低地温，使灌浆速度减慢，7 天以后才能恢复正常，因此灌比不灌粒重反而降低。特别是，如果时机与水量掌握不好，还可招致“青枯逼熟”。因此，我们认为一般情况下可不灌麦黄水。

根据两年的资料分析，一般年份（如 1978～1979 年度），若播前底墒充足，全生育期可喷灌 7～8 水，累计灌量 200～240mm；干旱年份（如 1979～1980 年度），可增加 3～4 水，累计灌量 300～340mm。这样，总供水量（包括降雨、灌水及 1m 土层土壤水分利用量）在 420～480mm，可获得 3 750～6 000kg/hm^2 的产量。

3　结语

由于资料年限尚短，文中所涉及的问题难免带有片面性。特别是，根据气象预报推算作物耗水强度的公式还很不成熟，只能提供方法。经与实测资料验核，综合公式(5)的误差一般为 2%～10%，最大为 15%，平均误差 7.7%。尚待进一步积累资料，逐渐完善。初步认为，建立小麦耗水强度与蒸发皿蒸发强度关系式，各地比较容易做到，且关系比较密切，值得进一步探讨。而多因子公式由于因素多，人为误差较大，精度受一定限制。

参考资料

[1]大曹庄农场田间试验协作组.冬小麦喷、畦灌田间试验总结.1980
[2]范逢源,王文元.农田灌溉.北京:科学出版社,1978
[3]丁希泉.回归分析在农业科学中的应用.北京:农业出版社,1978

河北省大曹庄农场大型喷灌机(宁晋县,1980)

我国北方苹果树水分消耗与灌溉问题的探讨*

[摘　要]　随着我国北方果树的发展，研究果树的耗水规律，显得更加重要而迫切。本文根据实测资料，分析了苹果树生长期内的耗水过程以及高峰期耗水的日变化过程，探讨了耗水规律，并在此基础上综合北方一些地区的试验成果，初步提出了苹果生长期灌溉制度的建议，供从事果树研究及果园管理人员参考。

水分是影响苹果树长势、产量和品质的主要因素之一。因此，根据苹果树水分消耗的规律，适时、适量地灌溉，保持一个适宜的土壤水分状况是非常重要的。

国外对果树需水量及灌溉制度的研究，有较长的历史，研究也较深入，甚至用大型的"Lysimeter"研究果树的蒸腾蒸发量。我国研究果树需水量的资料较少，20 世纪 70 年代以来，果园开始采用喷灌、滴灌等先进灌水技术，同时开展了果树需水量及灌溉制度的研究，取得一些资料。1987 年，我们在山东省禹城，对果树的耗水进行了观测研究，本文试图根据观测资料，并综合国内一些省份的试验资料，对北方苹果树的耗水规律，耗水量与灌溉制度问题作一些初步的分析和探讨，供从事果树灌溉研究的同志及技术人员参考。

1　苹果树的水分消耗

果树需水量是指果树正常生长情况下，叶面蒸腾量与树下土壤蒸发量之和，亦称腾发量或蒸散量。影响需水量的因素是很复杂的，但归纳起来主要是三方面的因素：即环境因素，包括太阳辐射、气象条件及土壤水分状况等；生物学因素，包括叶面积指数、叶面气孔活动状况等；人为因素，包括栽培措施及灌溉方法等。因此，不同地区、不同品种、不同树龄苹果树的需水量是不相同的。下面将根据实测资料，对苹果树耗水高峰期日耗水的变化规律及一个生长周期内的耗水规律进行分析。

1.1　果树日耗水量的变化规律

1987 年我们在中国科学院禹城综合试验站用微气象学的方法，对苹果树（树龄 5 年，品种为红星 M106）耗水高峰期的腾发与蒸腾进行了观测分析。图 1、图 2、图 3 分别为晴天（6 月 29 日）、阴天（6 月 25 日）和多云天气（6 月 30 日）三种情况下，腾发强度与蒸腾强度的日变化过程。由图可知，三种情况下果树蒸腾强度的变化过程基本相似，均在 14 时达到峰值，峰值也较接近，在 $0.42\times10^{-2}\sim0.46\times10^{-2}$ mm/min 之间。而三种天气的腾发强度日变化过程却有较明显的差异。晴天，腾发强度于中午 12 时达到峰值，峰值为 1.3×10^{-2} mm/min；阴天，10 时至 14 时腾发强度变化不大，峰值为 1.0×10^{-2} mm/min；多云天气，腾发强度峰值出现在 14 时，峰值为 1.0×10^{-2} mm/min。据分析，不同天气的这种变化，与当天净辐射的变化基本一致。无论蒸腾强度还是腾发强度，其日变化过程基本呈抛

---

* 本文刊登于《灌溉排水》1988 年第 7 卷第 3 期；署名王文元、李陆泗，执笔李陆泗，王文元修改。本文是硕士研究生李陆泗在中国科学院禹城试验站的研究项目，王文元参与了试验区微灌系统的设计、施工与试验处理设计等工作。

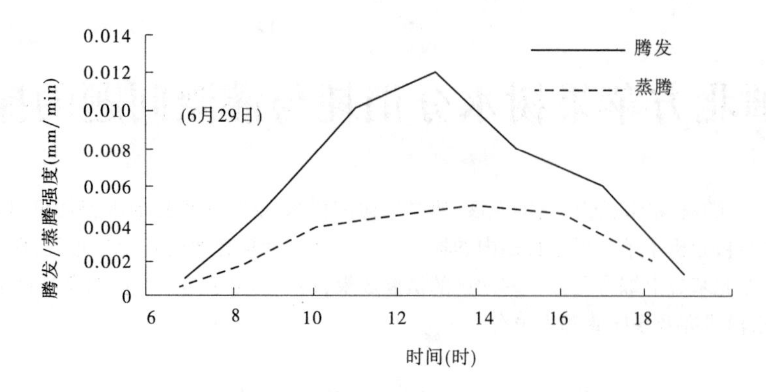

图1 晴天苹果树腾发/蒸腾强度日变化过程

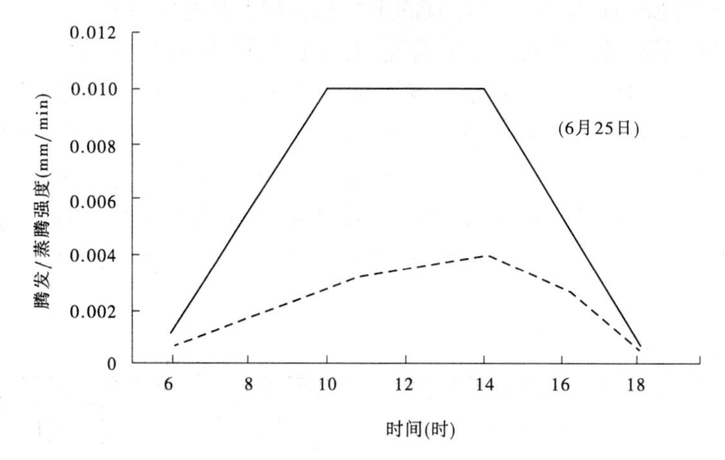

图2 阴天苹果腾发/蒸腾强度日变化过程

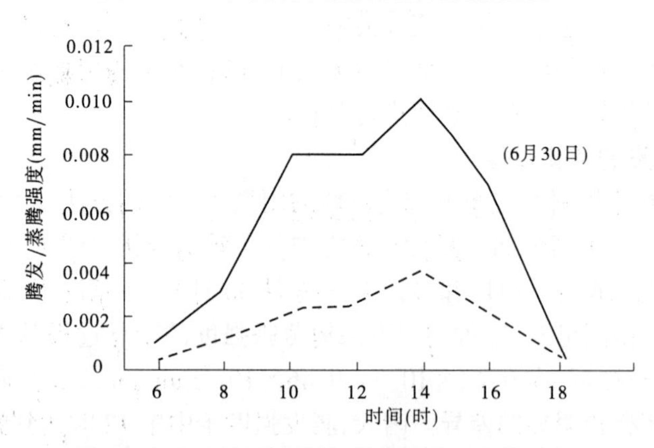

图3 多云天苹果树腾发/蒸腾强度日变化过程

物线型。但不同时间蒸腾量占腾发量的比重是不同的。据6月29日(晴天)资料分析,上午8时至12时,蒸腾量占腾发量的27%,中午12时至14时上升至38%,下午14时至16时达最大值,蒸腾量占腾发量的55%,16时至18时又降为23%。上述分析表明,果树的蒸腾不仅与净辐射及气象因素(主要为饱和差与叶面温度)有关,还受到叶面气孔活动的影响。

1.2　苹果树生长期的耗水规律和耗水量

图 4 为山东省禹城 5 年生红星 M106(中熟品种)矮化苹果树生长期的日耗水量变化过程线。由图可知,从萌芽至坐果期(4 月初至 5 月下旬),日平均耗水量日渐增大,这是气象条件的变化和叶面积指数不断增大的结果。5 月下旬至 7 月上旬进入耗水高峰期,7 月中旬以后随着果实的逐渐成熟,生理活动的衰减以及气象条件的变化(阴雨天增多)日平均耗水量又呈下降趋势。耗水高峰期日平均耗水量为 2.6mm/d。生长期总耗水量为 300mm(自萌芽至果实成熟),日平均耗水量为 2.25mm/d。

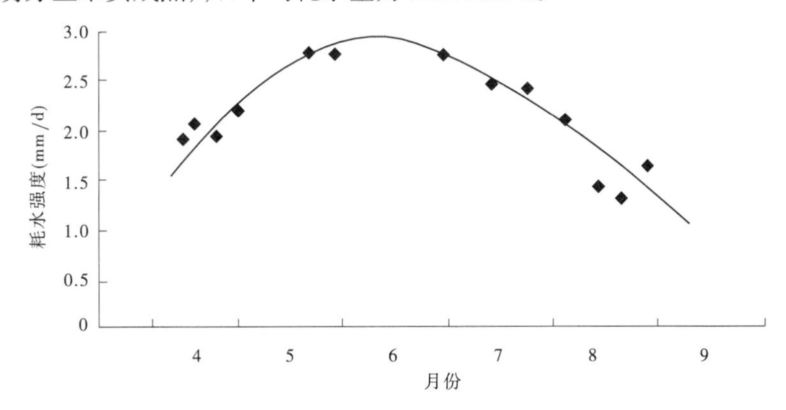

图 4　五年生红星苹果树日平均耗水量变化过程线
(山东省禹城)

表 1 分别列入了辽宁省营口地区盖县、河北省承德地区兴隆县以及陕西省眉县苹果树耗水量试验资料。由表 1 可知,随着不同品种生长期的加长,总耗水量有所增加,而日平均耗水量有所减小(见辽宁省资料)。气象条件相近,种植密度相当的中熟、晚熟品种,总耗水量变化不大,一般为 410mm 左右,日平均耗水量 2.22～2.93mm/d(见辽宁省与河北省资料);气象条件不同,种植密度不同,即使生长期天数相近,总耗水量也有较大差异(见辽宁省盖县与陕西省眉县资料),随着年平均气温的增高及种植密度的加大而加大。

表 1　我国北方苹果树耗水量试验部分成果

试验地点	试验时间	品种	特点	耗水量(mm)					
				全生长期			耗水高峰期(果实膨大期)		
				天数	总耗水量	日平均耗水量	天数	阶段耗水量	日平均耗水量
辽宁省盖县	1977～1978	甜黄奎	早　熟	81	300	3.70	31	124	4.0
辽宁省盖县	1977～1978	迎　秋	中　熟	120	330	2.75	70	217	3.1
辽宁省盖县	1977～1978	鸡　冠	中晚熟	140	410	2.93	98	323	3.3
辽宁省盖县	1977～1978	国　光	晚　熟	167	410	2.46	123	325	2.64
河北省兴隆	1986	国　光	晚　熟	183	406	2.22	92	285	3.09
陕西省眉县	1980	黄元帅	中　熟	119	433	3.64	79	294	3.7

注:(1)辽宁省盖县苹果树株行距 6m×6m,树龄 11～16 年,年平均气温 9.4℃;
(2)河北省兴隆苹果树株行距 5m×5m,树龄 17 年,年平均气温 8℃;
(3)陕西省眉县苹果树株行距 3.5m×3m,树龄 20 年,年平均气温 12.9℃。

由表1还可以看出,耗水高峰期的阶段耗水量,因天数相差悬殊而变化较大,其值为124～325mm,相差2.6倍,基本上随天数的增长而加大。日平均耗水量的变化相对较小,一般为2.64～3.3mm/d。早熟品种和密植果树其值稍大,而幼树(山东省禹城资料)因其叶面积指数小,无论总耗水量或日平均耗水量均较成树为低。

上述分析表明,合理的灌溉制度,应根据当地的气象条件、果树品种、栽培密度及树龄科学确定。

2 苹果树需水量的估算

由于我国幅员广大,气候条件各异,且苹果树需水量资料较少,特别是新建果园更没有实测资料,因此在新果园设计及老果园的灌溉管理上,常以经验公式估算果树的耗水量以制定灌溉制度。根据近几年的实际应用,我们认为利用气象资料首先估算潜在腾发量,进而根据当地作物系数估算果树需水量的彭曼法,以及根据水面蒸发资料和蒸发皿系数直接估算果树需水量的蒸发皿法是比较可行的,比较可靠的。

2.1 用彭曼法(penman)估算果树需水量

计算果树潜在腾发量的公式,以采用联合国粮农组织推荐的修正彭曼公式为宜,即:

$$ET_0 = \frac{\frac{P_0}{P} \cdot \frac{\Delta}{\gamma} \cdot R_a + 0.26(1 + B \cdot u_2)(e_1 - e_2)}{\frac{P_0}{p} \cdot \frac{\Delta}{\gamma} + 1}$$

式中 ET_0——果树潜在腾发量;

P_0——海平面平均气压;

P——当地平均气压;

Δ——饱和水汽压与温度关系线的斜率;

γ——干湿温度计常数;

R_a——太阳净辐射;

B——风速改正系数;

u_2——2m高风速;

e_1——空气饱和水汽压;

e_2——空气实际水汽压。

计算果树需水量的公式

$$ET = K_c ET_0$$

式中 ET——果树需水量;

K_c——作物系数,见表2;

ET_0——果树潜在腾发量。

彭曼法综合考虑了能量和空气动力项,理论上比较严密,但作物系数应根据当地试验资料确定,否则机械搬套其他地区数值将导致较大误差。我国缺乏合理布局的连续多年的实测资料,因此各地作物系数难以准确确定,使该法的实际应用受到一定限制。

根据山东省禹城试验资料,我们反推了作物系数,其结果列入表2。

表 2 作物系数 K_c

月份	4 月	5 月	6 月	7 月	8 月
作物系数	0.53	0.47	0.60	0.58	0.45

2.2 用蒸发皿法估算果树需水量

计算公式：

$$ET = K_1 E_0$$

式中 ET——果树需水量；

E_0——同期蒸发皿水面蒸发量；

K_1——蒸发皿系数。

水面蒸发反映了太阳辐射及气象因素的综合影响，因此计算结果比较可靠，其精度主要取决于蒸发皿本身的误差，用 E601 蒸发皿较用 20cm 直径的蒸发皿误差为小。蒸发皿系数反映着作物因素与人为因素的综合影响，亦应根据当地试验资料确定。

根据禹城实验站实测资料，我们反推了蒸发皿系数，详见表 3。

表 3 蒸发皿系数 K_1（E601 蒸发皿）

月份	4 月	5 月	6 月	7 月	8 月
蒸发皿系数 K_1	0.68	0.48	0.75	0.82	0.69

3 苹果树的灌溉问题

研究苹果树的耗水量及耗水规律，目的在于指导果树的灌溉问题。我国北方苹果树的灌溉属于补水灌溉，所谓“补水”即指补充天然降水之不足。“补”多少与什么时候“补”，需要根据果树的耗水规律以及天然降水的时空分布规律确定。我们在新果园灌溉系统设计或者老果园用水计划制定时，首先应根据前面介绍的估算果树需水量的公式，利用设计年的气象预报或代表设计年的典型年气象观测资料，估算出设计年果树生长期总需水量以及各生育阶段的阶段需水量，而后，扣除天然降水的有效补给量（指入渗并保存在果园土壤计划湿润层内的雨量），即为阶段内需要的灌溉补水量（地下水埋深小于 3m 的地区还应扣除地下水利用量）。

在水量平衡的计算中，有两点值得注意：一是计划湿润层取多深，二是土壤适宜含水率的范围取多大。第一个问题应根据当地果园的立地条件确定。山丘区果园土层薄，根系集中分布层相对较浅，可取 0.8～1.0m。平原区土层厚，根系集中分布层相对较深，可取 1.0～1.2m；第二个问题应根据试验资料确定，适宜含水率范围取得大，灌水周期长，一次灌水量大；范围取得小，灌水周期短，一次灌水量小。一般认为，采用自动化程度较高的喷灌、滴灌技术时取后者，采用地面灌溉时取前者。1980 年陕西果树研究所进行了不同含水率范围的试验研究，设了三个处理，分别为田间持水率的 50%～70%、60%～80%和 70%～90%，结果以保持土壤含水率在田间持水率的 70%～90%之处理产量最高，但果实品质却以 60%～80%的处理较优。因此，我们认为可以根据当地的实际情况在田间持水率的 60%～90% 中选择。

关于灌水的时机，除考虑土壤含水率变化范围外，还需考虑果树生长特点，水肥的配合，该"促"则促，该"控"则控。河北省承德县和兴隆县于 1983～1986 年进行了连续的灌溉制度试验，设计了灌一水（果实膨大水）、灌两水（花前水与果实膨大水）、灌三水（花前水、花后水与果实膨大水）、灌四水（花前水、花后水、果实膨大水与冬前水）等四个处理，结果以灌四水者产量最高。还对灌水定额进行了试验，设计了一株树一次灌水 $0.4m^3$、$0.7m^3$、$1.0m^3$ 等三个处理（采用坑灌，只灌树盘），结果以单株每次灌水 $0.4m^3$ 者产量最高。该试验区树盘（相当于树冠投影）面积平均为 $12.77m^2$，灌水水层为 31.3mm，折合全面积上的灌水定额为 16mm（株行距 5m×5m）。根据上述分析，我们在进行水量平衡分析，并参考上述地区试验成果的基础上，提出以下初步的苹果树灌溉制度建议（见表 4），供有关部门参考。

表 4　北方苹果树的灌溉制度

分区	一般年份				偏旱年分			
	灌水次数	灌水定额（mm）	灌溉定额（mm）	灌水时期	灌水次数	灌水定额（mm）	灌溉定额（mm）	灌水时期
年降雨量 500mm 地区	4	20～30	80～120	花前期 坐果期 果实膨大 冬 前	5	20～30	100～150	花前期 坐果期 果实膨大（两水） 冬 前
年降雨量 600mm 地区	3	20～30	60～90	花前期 坐果期 果实膨大	4	20～30	80～120	花前期 坐果期 果实膨大期 冬 前

注：该表适用于地面灌水方法且只灌树盘，若采用漫灌其灌水定额宜适当加大，若采用滴灌应适当减小。

浅谈喷灌在河北省的发展前景*

[摘　要]　喷灌适应性强,能有效地控制用水,适用于各种土壤和地形。在地形复杂和地面灌溉困难的山区和丘陵地区,在渗漏损失较大的砂质土地区,以及在水资源严重不足的深井区,有条件地发展喷灌是必要的,亦是可行的。这将对河北省水资源不足的矛盾起缓和作用,对提高上述地区农业产量具有实际意义。

喷灌是一种先进的灌溉方法。它之所以先进,在于它可以实现农田灌水工作的机械化和自动化,把灌水工作从繁重的体力劳动中解放出来;在于它可以根据土壤水分的变化和作物耗水状况,适时、适量、强度适宜的科学供水,从而大大减少了地面灌溉所产生的深层渗漏和土壤养分的流失,避免了表层土壤结构的恶化,省水而又增产;还在于它对地形的适应性强,应用于起伏不平的复杂地形,可以大大减少平整土地、挖沟修渠的工程量,且可保证灌水质量。

正是由于喷灌具有上述主要优点,在国外,自 20 世纪 70 年代中期,曾出现了一个较快的发展时期。但由于种种原因,使得喷灌在这个发展过程中,出现了一些问题,影响了它的发展。这样,就使一些人对喷灌在我国、在我省的发展前景产生了疑虑,本文试图在回顾历史、总结经验的基础上,结合河北省的具体情况,对喷灌发展的必要性、可行性进行初步分析,对喷灌发展的前景谈谈粗浅看法。

1　简单回顾

新中国成立后,我国虽有少量的喷灌面积,但并无生产专用设备的工厂,还谈不上发展喷灌。1979 年我国将喷灌列为国家重点科研项目后,喷灌试点才在全国各省市纷纷建立,随后又引进了一定数量的国外喷灌设备。此后的几年里,喷灌发展较快,并取得了不少可喜的成果:有了我国自己的喷头系列;轻小型喷灌机组通过鉴定,投入批量生产;塑料与金属管道的研制取得积极的成果;不少喷灌试点也取得了成功的经验。自 1977 年至 1981 年,国家用于喷灌的投资达 5 亿元,购买机具达 26 万台套,240 万马力,控制的喷灌面积 93.3 万 hm^2,能发挥效益的 66.7 万 hm^2,比 1977 年的 18.7 万 hm^2 增加了 2.5 倍。但是,由于我们对喷灌这一新事物的规律性认识不足、缺乏经验、思想存有片面性等,在喷灌机具尚未过关的情况下,盲目发展,片面追求喷灌面积的增长而忽视了它的经济效果,致使喷灌的发展出现曲折。一些地方出现了喷灌投资和动力设备增加,喷灌面积却不见增多,甚至下降的反常现象。一些喷灌试点不得不靠国家资助维持。还有一些喷灌试点,一旦科研单位撤离,喷灌即告终止,重新恢复地面灌溉。当然,出现曲折并非坏事,促使我们认真总结经验,摸索我们自己发展喷灌的途径。

河北省的情况也大致如此。虽然河北省喷灌的发展并不算快,但目前却也有一些问

---

* 本文刊登于《河北农业大学学报》1983 年第 6 卷第 3 期,署名王文元、贾有源,执笔王文元。

题,主要表现为,喷灌试点巩固不住,喷灌面积有所下降。1978 年以来,河北省用于喷灌的投资 1 440 万元,购买各种类型喷灌设备 7 800 台套,按设备能力,喷灌控制面积应达 4 万多公顷,但实际浇地面积仅有 2/3,而且其中只喷灌 1～2 水的又占相当比重,经济效益并未充分发挥。

为什么喷灌的发展出现曲折？我们分析主要有以下三点：

第一,对我国的具体情况认识不足,投资方向不甚合理,经济效益不高,影响了喷灌的发展。虽然我们常讲因地制宜,但具体落实并非容易。在国外,特别是工业比较发达国家,他们的农业基本上实现了从种到收的机械化,当然灌水环节的机械化是必不可少的,因而喷灌发展迅速。而我国的农业除大型国营农场外,尚未实现农事活动的机械化,当然对灌水环节的机械化并无迫切要求;在发达的工业国,农业劳力短缺,工值高,而工业产品价格相对比较便宜,节省农业劳力具有重要意义。在我国则有所不同,特别在人多地少,劳力十分富裕的地方,喷灌节省劳力的优点就发挥不出来。若不顾我国具体情况,照搬国外经验,势必事倍而功半,甚至适得其反。比如把引进的大型喷灌机不是放在大型农场,而放在人多地少,园田化水平较高,地面灌溉系统比较完善,产量水平本来就较高的地区,就难以发挥经济效益。还有些工程,建成后才发现水源保证率过低,造成了投资浪费。

第二,喷灌设备价格高而质量差,阻碍了喷灌的发展。近两年来,虽然喷灌设备几经调价,但仍然较高,特别是质量不过关,使用年限短,很难收回投资。在我国现有的喷灌面积中,90%以上是由轻小型喷灌机组控制的。这些量多牌杂的小型机组,除少数通过了国家鉴定外,多数产品未经正式鉴定。有些产品虽经鉴定,但仍不能保证质量,使用单位意见很大,反过来又造成产品滞销,既不利于使用单位,又有损于厂家。我们曾从某厂购进一些挡块式喷头,每个价格高达 140 元,相当于一台缝纫机的价格,而且笨重又粗糙,经试用不能正常运转,只好用做教具。试想在我国农村经济尚不富裕的情况下,农民怎么会欢迎这样的产品！喷灌设备价格高,质量差,零配件供应不足,是个普遍现象,这个问题不解决,喷灌的发展就无从谈起。

第三,不注重经济效益,缺乏科学管理,限制了喷灌的发展。以前,不少喷灌试点主要由国家投资兴建,社队农民受益,不管增产多少,社员都高兴。一旦把工程交付社队管理,设备的维修、更新与运行油电费用均需社员自己负担,他们就要算经济账,如果增产值不足以抵消开支,谁还欢迎喷灌？因此,一旦科研单位撤离,试点就又恢复原来的地面灌溉。另外,不按严格地规划设计审批程序报批,以及设计资料有不实事求是之处,比如投资算得小,而效益算得大,致使喷灌工程建成后问题重重,不受欢迎。

缺乏科学管理,也是当前存在的一个主要问题。一方面有关部门对喷灌投资的使用情况、经济效益,缺乏严格的检查监督;另一方面使用单位无严格的操作规程和完善的管理制度,不少设备不是用坏的,而是放坏的,更有的试点因为嫌喷灌“水量小”“不解渴”,干脆摘下喷头自流灌溉,既白白浪费了动力设备和能源,又降低了灌水质量,实在可惜。

鉴于存在上述问题,喷灌的发展受到了影响。有些人对发展喷灌的必要性产生怀疑,有些人甚至怀疑它省水增产的效果,这是不对的。我们只要分析一下出现问题的原因,就会清楚地看出,这些问题,并不是喷灌本身的优点被否定了,而是由于规划布局不当、机具质量不高、缺乏科学管理使得喷灌的优点不能充分发挥造成的。只要认真解决上述问题,喷灌就会走上稳步发展的道路。

2　从水资源不足看河北省发展喷灌的必要性

河北省水资源严重不足已为人们所公认，这种不足的现象，近期将不可能有明显的改善。加上水资源分布不均匀，更使得某些地区缺水问题尤为突出。表1反映了近期河北省水资源分布状况。

表1　河北省近期水资源状况($P=50\%$)

分区	坝上高原区	燕山、太行山山丘区	燕山、太行山平原区	海河平原区	滨海平原区	合计
耕地面积(万 hm^2)	49.5	156.0	172.0	252.7	36.5	666.7
分区耕地面积比重(%)	7.4	23.4	25.8	37.9	5.5	100
可用地表水资源(亿 m^3)	0.46	21.9	47.7	24.24	15.7	110.0
可用地下水资源(亿 m^3)	0.18	7.58	57.8	29.8	0.64	96.0
可用水资源合计(亿 m^3)	0.64	29.48	105.5	54.04	16.34	206.0
分区水资源比重(%)	0.3	14.3	51.2	26.3	7.9	100
需水量(亿 m^3)	1.59	39.6	109.0	91.0	26.7	267.9
余亏水量(亿 m^3)	-0.95	-10.12	-3.5	-36.96	-10.36	-61.89

由表1可以看出，坝上高原，耕地面积占全省7.4%，水资源仅占0.3%；太行山、燕山山丘区耕地面积占全省23.4%，水资源仅占14.3%；海河平原区耕地面积占全省37.9%，水资源仅占26.3%，该区亏水量占全省一半以上。相反，山前平原区耕地面积占全省25.8%，水资源却占51.4%，资源量与需水量相差不多。相对而言，水资源不足的矛盾在山前平原区并不突出，而在坝上高原区、山丘区与海河平原区则显得比较突出。既然这种缺水状况近期难以改善，那么采取节水措施就是一项具有战略意义的重要课题。当然在农业用水方面，节水的措施很多，如渠道防渗，推广省水的灌水技术等，其中喷灌节水已引起人们的普遍重视。大量的试验资料表明，喷灌系统较地面灌溉系统节水45%～55%。对于土层薄，地形复杂的山丘区，对于保水性能差的砂质土地区，以及裂隙发育的黏质土地区，节省的水量还要多一些。比如地处丘陵区的陕西省长安县王庄喷灌点，喷灌较畦灌省水60%以上；地处河北省宁晋泊的大曹庄国营农场，因土质黏重，裂隙发育，畦灌每次用水量高达1 200～1 500m^3/hm^2，采用喷灌后省水亦达60%左右。喷灌省水一半就意味着使用同一灌溉水源，喷灌可以扩浇一倍的耕地面积，或者浇灌同样面积时，用水量可以减少一半。对于井灌区，将会大大减少地下水开采量，使地下水位连年下降的趋势得以缓和，这对河北省海河平原区具有重要意义。如廊坊地区黄家堡小麦“千亩方”(66.7hm^2)，系沙质土地区，过去6眼深井，只能保证其中53.3hm^2小麦浇2～3水，1981年采用喷灌后，除给“千亩方”内小麦喷灌7水外，还给方外20hm^2小麦喷了3水，并供33.3hm^2花生点种用水，在同样水源条件下，灌溉面积扩大了33.3hm^2，增加了63%。

从水资源的分布上看,山丘区发展喷灌尤为必要。河北省山丘区的水浇地面积仅占耕地的1/3,其余则为旱地,产量低而不稳,群众生活受到严重影响。改变这类地区的生产条件,已成为河北省农田基本建设的当务之急。然而,山丘区缺少水源,且旱地多为坡地,实施地面灌溉比较困难。因此,在该区积极挖掘水源潜力,发展喷灌和滴灌是十分必要的。

对于海河平原区,目前仍有106.7万hm^2旱地,约占耕地的42%,解决这些旱地的灌溉问题,在近期主要靠节水扩浇措施。该区一方面存在着水资源严重不足的问题,另一方面却又存在着用水浪费的现象。该区有机井约23万眼,其中配套近20万眼,控制面积约106.7万hm^2(1981年统计资料),平均每眼机井控制灌溉面积5.3hm^2左右。如果改用喷灌,按节水45%计,可以扩大浇地面积86.7万hm^2,使旱地减少80%。当然,鉴于喷灌存在的一些问题,目前不可能也不必要将地面灌溉全部改为喷灌,但是,有条件地发展喷灌,特别是砂质土地区、裂隙发育的黏质土地区、局部地形复杂实施地面灌溉困难较大的地区,以及深井密度过大、地下水位急剧下降的地区发展喷灌,确实是十分必要的。

3 只要因地制宜发挥喷灌的优势就会取得明显的经济效益

以往几年由于喷灌发展中存在的一些问题,有一些试点没有取得明显的经济效益,没有巩固下来。因而有的人认为只有在经济力量雄厚的市郊蔬菜基地才可能发展,只有喷灌某些经济价值高的作物才合得来,这种说法并不全面。虽然喷灌经济作物收回投资会快一些,但不能因此而否定喷灌粮食作物的前景,否则会大大限制喷灌的发展。事实上,不管是喷灌经济作物还是喷灌粮食作物,只要根据当地的具体条件,充分发挥喷灌的优势,就会取得明显的经济效益。

什么是喷灌的优势?就是指相对地面灌溉而言,喷灌的优点确能充分发挥,并转变成增产的优势。喷灌省水,但只有在水资源不足的地区才有重要意义。在水资源比较丰富的山前平原,省水的优点就很难转化成增产的优势。同样,喷灌省劳力、对地形适应性强的优点,在人多地少、土地平整、园田化水平高的地区也发挥不出来,就不会取得明显的增产增收效果。相反,只要喷灌的优点确能转化为增产优势,就一定会取得较好的经济效果。

例如,位于浅山丘陵区的完县某大队,是历史上有名的旱庄,靠天吃饭。历来不敢种小麦,群众生活较差,过年的饺子面全靠国家供应。1979年国家投资打了两眼深井,全队第一次解决了群众的吃水问题,在保证群众生活用水的前提下,搞了4.7hm^2固定式喷灌系统,社员吃上了自己种的小麦,感慨万分,感谢党和政府的关怀。但由于当时经验不足,可供选择的设备较少,每公顷投资高达6 600元,虽然喷灌田比旱田增产了一季小麦,单产达2 625kg/hm^2,但终因投资过高,还本年限高达13年(小麦按0.348元/kg计算)。如果将固定式系统改成半固定式系统,单位面积投资可降为3 750元/hm^2,还本年限降为7年,如果将国家调拨小麦时运输费用加进去,其经济效果就更明显了。

又如,北京市潭柘寺公社,耕地多为山坡梯田,土层薄,地下水很深,人畜饮水困难,农业生产因严重缺水而受到很大影响。1979年兴建高扬程引水上山工程,而后进行自压喷灌,该系统单位面积投资2 850元/hm^2左右,喷灌小麦比旱田增产2 250kg/hm^2左右,还本年限仅为 6.7 年。上述两例说明，在山丘区，只要规划设计合理，就有可能取得明显的经济效果。

再如，井灌区的例子，北京市琉璃河公社某大队，一块 50.5hm^2 的耕地，虽属平原但局部地形复杂，浇地困难，土质属重粉质壤土，耕层以下为黄黏土，裂隙发育，实施地面灌溉时每次用水量达 1 200m^3/hm^2，原用 4 眼机井供水，单井出水量 80m^3/h，单井控制面积 6.7hm^2 左右。1981 年改为半固定式喷灌系统，仅用两眼机井，仍控制了全部面积，水源减少一半。1981 年田间对比试验，喷灌比畦灌增产 1 125kg/hm^2，增产值 391.5 元/hm^2。该半固定式喷灌系统单位面积投资 1 500 元/hm^2，还本年限 7.6 年。如果把减少水源开采量，缓和地下水位持续下降带来的间接收益考虑进去，其经济效益更为明显。

对于大型喷灌机也是一样，只要规划布局合理，技术经济方案正确，同样会取得明显的经济效益。例如，河北省坝上察北牧场，人少地多，机械化水平较高，但水源缺乏。1980 年开始采用由本场改制的察牧—206 型大型喷灌机，一机灌 3 块地，控制面积 40hm^2，单位面积投资 2 500 元/hm^2，喷灌蚕豆比旱地增产 2 580kg/hm^2，纯收益 750 元/hm^2，还本年限为 3.3 年；喷灌春小麦比旱地增产 1 275kg/hm^2，增产值 420 元/hm^2，净收益 270 元/hm^2，还本年限为 9 年。河北省大曹庄国营农场 1979 年安装使用大型喷灌机后，虽喷灌面积仅占全场面积一半左右，但小麦总产连年上升。1981 年在全省小麦大幅减产情况下，该场不但未减，还增了产。1982 年小麦一季产量就突破了采用喷灌前全年的粮食产量，进一步增强了该场发展喷灌的信心，提出 1990 年该场全部喷灌化的要求。

综上所述，不论是山丘区，海河平原区，还是坝上高原区，只要能根据当地的具体条件，采用正确的规划设计方案，使得喷灌的优点确能充分发挥，转化成增产的优势，就会有明显的经济效益，就有广阔的发展前景。

4　河北省近期发展喷灌的设想与值得注意的问题

前面已对河北省发展喷灌的必要性和可行性做了粗浅分析，结论是喷灌应该发展。但因机具设备尚处在进一步研制、改进、完善的阶段，单位面积投资还比较高，因此喷灌只能有重点地发展。应首先解决山丘区严重缺水的社队和海河平原中的旱地。对于山丘区，应首先对水资源的分布状况做充分的调查，对具有水源潜力又适宜发展喷灌的地区，应做出总体规划，分期实施。如果有自压条件，可以结合滴灌尽量优先发展；对于海河平原中的旱地，应立足于现有机井扩大浇地面积，第一步则应着眼于地形复杂、土壤渗漏严重、保水保肥能力差的砂质土地区、裂隙发育的黏质土地区和深层地下水位下降速度快的漏斗中心地带。

关于采用何种类型的喷灌系统，据河北省及临近地区的经验，固定式喷灌系统单位面积投资高，除喷灌蔬菜等经济价值较高的作物外，喷灌大田作物收回投资较慢，不宜多搞。对于半固定管道式喷灌系统和移动管道式喷灌机组，因各有利弊，投资接近，可以根据当地的具体条件选用。山丘区若有自压条件可以采用半固定管道式系统。平原井灌区可采用机动灵活的移动管道式喷灌机组。但无论采用何种系统均应做详细的规划设计与经济效益分析。

我们根据部分已建成工程的资料，制成投资还本年限估算表（表 2），可作为使用单位选型时参考。其中,还本年限系为单位面积投资除以单位面积净效益。单位面积净效益是指单位面积增产值减去折旧费与年运行费用。其中折旧费按设备投资的7.5%估算,年运行费用按设备投资的5%估算。

表2　投资还本年限估算　　(单位:年)

单位面积投资(元/hm²)	单位面积年增产值(元/hm²)										
	150	225	300	375	450	525	600	675	750	825	900
750	13.3	6.7	3.6	2.7	2.1	1.7					
1 125		13.3	7.1	4.8	3.6	2.9	2.4				
1 500			13.3	8.0	5.7	4.4	3.6	3.1	2.7		
1 875				13.3	8.7	6.5	5.1	4.2	3.6	3.2	2.8
2 250					13.3	9.2	7.0	5.7	4.8	4.1	3.6
2 625						13.3	9.7	7.6	6.2	5.3	4.6
3 000							13.3	10.0	8.0	6.7	5.7
3 375								13.3	10.3	8.4	7.1
3 750									13.3	10.9	9.2
4 500										13.3	11.2

从我国目前情况看,固定式喷灌系统投资都在4 500元/hm²以上,半固定式投资1 500~3 000元/hm²,移动管道式喷灌机组投资多在1 500元/hm²以下。使用单位可以根据拟喷灌作物,预估增产效益(参考表2),选择较合适的喷灌系统类型。比如预估年增产值450元/hm²左右,可考虑选择半固定式系统或移动管道式机组,再考虑到其他方面的因素,比如管理是否方便,灌水是否均匀等酌情选用。

针对当前喷灌试点中存在的问题,新建或扩建喷灌工程时应注意以下几点:

(1)水源一定要有可靠的保证。吸取以往有些喷灌工程水源没有保证而不能正常发挥效益的教训,一定要对水源情况切实摸清,避免盲目上马,造成资金与设备的浪费。

(2)认真搞好规划设计,实事求是地进行技术经济分析。评价一个喷灌工程,主要看它是否有明显的经济效益,具备这一条件,这个喷灌工程才能受到农民的欢迎,才能使工程巩固下来。要做到这一点,实事求是地做好规划设计与技术经济分析是至关重要的。

(3)加强科学管理。科学管理,包括培训管理人员及制定完善的管理制度。随着农村生产责任制的发展,喷灌工程、喷灌机具的管理亦应做相应的调整。为了保证工程正常发挥效益,不少试点建立了专门班子,发挥了积极的作用。河北省乐亭县水利部门,采用合同制向社队或社员租赁喷灌机具,取得了很好的效果,既减少了设备损坏,又大大提高了设备利用率,扩大了浇地效益。1982年全县出租21台套喷灌机具,收入近万元,为设备更新与进一步发展创造了条件。

(4)重视喷灌系统选型。在喷灌系统选型方面,既要尽量减少单位面积投资,又要注意作业条件和管理方便,二者不可偏废。否则即使单位面积投资少,也无法保证喷灌系统的正常运行,反而会造成浪费。

总之,河北省有条件的发展喷灌既是必要的也是可行的。我们希望有关部门开展一次对喷灌机具、喷灌面积以及经济效益的普查,总结经验,推广先进,逐步解决存在的问题,使河北省的喷灌事业稳步地向前发展。

指导安装半固定式喷灌系统(广宗县,1993)

河北省滴灌工程考察报告*

1985 年 5 月份，我们受河北省水利厅农水处、科教处的委托，对全省滴灌工程进行了一次全面的技术考察，先后实地考察了 11 个县的 22 处滴灌工程。现将考察结果汇总如下。

1 滴灌工程现状及效益

截至 1984 年底，全省共建成滴灌工程 80 处，滴灌面积 675.8hm^2，其中，果树 437.1hm^2，占 64.7%，花生 237.8hm^2 占 35.2%，小麦 0.9hm^2 占 0.1%。80 处滴灌工程分布情况是：唐山市 73 处，面积 518.4hm^2，占总面积的 76.7%，其余分布在兴隆、宽城、青龙、崇礼、怀来、涿鹿和广宗等 7 个县。唐山市发展也不平衡，88%集中在遵化、迁西、迁安等 3 县。

河北省的滴灌工程主要有两种类型，果树采用固定式滴灌系统，花生及大田作物多为毛管可移动的半固定式滴灌系统。滴头类型以微管式为主，管式滴头使用较少。固定式滴灌系统单位面积投资一般为 900～1 200 元/hm^2（不包括水源工程），控制面积过小者可达 1 500 元/hm^2 以上。据遵化、迁西两县各果树滴灌点分析（见表 1），滴灌面积在 6～7hm^2 时，单位面积投资最省；若控制面积过小，则首部枢纽设备与土建费所占比重加大，单位面积投资增高。从两县情况看，土建与施工费用占总投资的 1/4～1/3。

表 1 固定式滴灌工程单位面积投资

县名	滴灌作物	面积（hm^2）	处数	平均投资（元/hm^2）	备注
遵化	果树	5.33 以上	11	1 108.5	包括土建费在内
		3.33～5.33	10	1 327.0	
		3.33 以下	10	1 616.2	
迁西	果树	5.33～8.00	8	743.1	只计设备、管材，未计土建费
		3.33～5.33	5	821.8	
		3.33 以下	2	1 094.7	

半固定式滴灌系统，干支管道亦埋入地下，只有带滴头的毛管移动于作物行间。这种滴灌系统平均投资 450～600 元/hm^2（不包括水源工程）。

滴灌工程经济效益是十分明显的。如迁西县，1983 年建成 5 处共 7.33hm^2 花生滴灌示范区，至 1984 年累计建成 20 处共 203.2hm^2 花生滴灌示范区，两年平均计算，滴灌花生比不灌水花生平均增产 998kg/hm^2，若按收购价 0.892 元/kg 计算，单位面积增收

---

* 本文刊登于《喷灌技术》1986 年第 1 期，《海河水利》1986 年第二期转载 。署名范逢源、王文元，执笔王文元。

889.8 元/hm²,若滴灌分摊系数按 0.6 计,平均年费用 81.8 元/hm²,则平均净收益为 452.1 元/hm²。该 20 处滴灌点平均单位面积投资为 578.2 元/hm²,还本年限仅为 1.3 年,投资收益率为 78.17%。此外,该县还在示范区内进行了滴灌、喷灌、畦灌和不灌水的田间对比试验,试验结果(见表 2)表明,滴灌处理产量最高,用水量与耗电量最少,滴灌比畦灌省水 86%,节能 85%,省工 79%,每立方米水的灌溉效益为畦灌的 12 倍,而年费用仅相当于畦灌的 54%。

其他滴灌点,如遵化县达志沟(板栗)、涿鹿县杨家坪(仁用杏)、怀来县蚕房营(葡萄)等处,均有明显的增产效益。

表 2　迁安县花生不同灌水方法对比试验成果

处理	产量 (kg/hm²)	产值 (元/hm²)	年用水量 (m³/hm²)	年费用 (元/hm²)	年浇水用工 (工日/hm²)	年用电量 (kW·h/hm²)	每 1m³ 水量效益	
							产量 (kg/m³)	产值 (元/m³)
滴灌	3 335	2 975.1	429.6	108.6	16.4	81.5	3.73	3.32
喷灌	2 695	2 645.1	644.0	157.2	55.0	138.5	1.82	1.62
畦灌	2 775	2 475.3	3 090.0	200.7	78.0	555.0	0.31	0.28
不灌	2 563	1 617.1	—	—	—	—	—	—

2　推广滴灌技术的主要经验

河北省自 1974 年引进第一套滴灌设备后,即开始了对滴灌技术的研究。1982 年以前侧重于研究大田滴灌,1982 年以后才分别在张家口、唐山、邢台、承德、秦皇岛等地建立了果树滴灌试点。1984 年在总结试点经验的基础上,滴灌技术有了进一步的发展,滴灌面积达 673hm²。1985 年又有了较快发展,仅上半年新增滴灌点 98 处,滴灌面积 533hm²。

各地在推广滴灌技术方面积累了宝贵经验,概括起来主要有以下几点。

2.1　重视技术培训,组成设计施工队伍

为确保滴灌工程质量,充分发挥其省水、节能、增产的优势,必须抓好设计、施工、管理三个环节。把好这三关,关键在于人才培训。各地市、县水利部门对此都比较重视,1983 年以来,唐山市及所属遵化、迁西、迁安三县,分别举办滴灌工程规划设计、施工安装和管理培训班共 4 期,培训 330 人。目前唐山市各县已初步形成了 300 人组成的设计、施工班子。唐山市水利局与遵化县水电局整理编写的《滴灌设备与滴灌系统规划设计》和《滴灌工程施工安装使用管理培训教材》两份材料,在技术培训和指导生产中起了良好作用。

2.2　因地制宜,精心设计

遵化、迁西两县在实践中认识到,对于山丘区,由于受局部地形变化的影响,利用现有地形图进行滴灌系统设计,由于地形图的精度问题,会使顺坡支管的压力水头算不准,沿等高线布置的毛管长度量不准。两个"不准"将大大影响灌水均匀度,而要测大比例尺地形图又特别费工费时。针对上述情况,遵化、迁西等县探讨出一套现场设计经验:首先通过现场踏勘了解滴灌区的地形特点、范围、形状,果树分布情况等,结合水源位置选定可供

比较的几条干管、支管的布置线路;然后详测干、支管道纵断面图,并根据果树株行距确定毛管口的位置,现场测量毛管长度和确定控制果树株数;同时,根据树冠大小确定滴头数量,而后计算毛管口流量,再自下而上推求干支管水头损失,确定管径。这样,不仅使设计与实际地形相符,也大大节省了设计计算的时间。遵化县水利局为此还编制了一套计算表格,用来确定管道水头损失及选配水阻管(用于消除多余水头,使滴头出水均匀)长度,使用很方便。

2.3 把好施工质量关,保证滴灌均匀度

对于配有微管滴头的滴灌系统,滴灌均匀度取决于水阻管的长度及微管长度两个因素。为了确保均匀度在允许范围内,除了精心的设计外,还必须在管道安装好之后进行放水调试。一般取每条支管的首、中、尾三条毛管,每条毛管又取首、中、尾三个滴头,用量杯量测滴头出水量。用秒表计时,测试时间一般为5～10min,以滴头实际流量与设计值相差不超过±10%为合理。否则,应调整微管长度。若相差过大应及时查明原因进行处理。此外,通过试水还可检查施工质量,发现管道、阀门或接头有漏水、渗水现象,及时采取措施。

经过调试以后,各级管道及滴头即可埋入挖好的沟内。一般要求,干、支管埋在冻土深度以下,毛管埋入地下不少于30cm,为防止冬季管道冻裂,入冬前一定要放空管内存水。位于鞍部地形处管道的排水很重要,遵化县采用三种方法:一是管道低处加三通接排水阀门;二是加旁通接一段毛管,平时将毛管封住,冬前打开毛管排水;三是加几个微管滴头,任其自流放水。

为防止施工安装时土粒、碎屑等堵塞管道,各滴灌点都十分重视试水与冲洗管道的工作。为防止机压滴灌系统停泵回水时微管滴头因吸入土粒而造成堵塞,各地都采取了一些措施。兴隆县用一小截毛管套在微管滴头出水口处,外面再包一层塑料薄膜;遵化县直接将滴头用废塑料布包好埋入地下;乐亭县缝制一个塑料小口袋套在微管出口处。这些经验都有一定效果。

对于花生地半固定式滴灌系统,为保证灌水均匀度,每条毛管常需安装长度不等的水阻管。因此,秋后拆除毛管时,须将毛管逐一编号,以免第二年安装时弄错位置,影响滴灌均匀度。这项工作麻烦且费工,迁安县水利局对此进行了改进,将水阻管装入连接支管旁通与移动毛管的竖管内,竖管并不拆除,则省去了毛管对号入座的麻烦,大大简化了一年一度的安装工作。

2.4 以点带面,发挥试点的示范作用

近几年来,各县普遍注意先搞试点,用以点带面逐步发展的办法推广滴灌技术。1982年,唐山市首先在遵化县达志沟建立了果树滴灌点,当年农民就得到了实惠,1983年又继续了一年,增产效益更为显著。所以,1984年全县很快发展了31处,并带动临近的迁西、迁安等县也推广了滴灌技术。1985年4月乐亭县在于坨乡南庄坨果园搞了第一个滴灌点,四邻八村的果树承包户自动跑去观看滴水情况。只要看到今年的效益,明年一定会带起几处来。

根据各地经验,选择滴灌试点一定要慎重。首先,试点村领导班子要强,对推广新技术有足够的认识;其次,群众对科学试验有要求,能积极配合,并自觉保护试验设备;第三,

试点村有一定的技术力量，经短期培训可承担日常的观测工作；第四，试点村有一定的经济条件，能自筹部分资金。最好是由农民负担大部分资金，国家补贴小部分，这样，农民有责任感，能保证试验正常进行，所得成果也较可靠。

3　存在问题和几点建议

河北省滴灌技术推广工作虽然取得很大成绩，但也不可否认还存在一些问题。如各地滴灌发展不平衡，唐山市的滴灌面积占全省的76.7%，承德、张家口、邢台、秦皇岛等地合计只占23.3%。滴灌工程的管理工作还跟不上，考察的22处滴灌工程中，由于管理不当使设备遭到不同程度损坏的有5处，占22.7%。此外，对科学试验工作还应进一步提高认识，滴灌设备尚待进一步改进。为此我们有以下几点建议。

3.1　因地制宜，积极稳妥地发展滴灌

河北省水资源不足，能源亦比较紧张，发展省水节能的滴灌技术势在必行。在广大的太行山和燕山山丘区，地形复杂，水源量小而分散，有发展果树的优势。建议今后在这些地方重点推广滴灌技术。每处滴灌工程的规模，视水源供水能力而定，一般以6～7hm^2为宜。这样，相对投资省，见效快，农民易接受。平原地区滴灌应首先在土壤透水性强、地下水位下降幅度大的经济作物区发展。

3.2　加强领导，狠抓管理

对已建成的滴灌工程，有关部门应逐一摸清情况，建立技术档案。同时，采取切实有力的措施，狠抓现有工程的管理工作，落实管理责任制，制定严格的运行管理规章制度。

建议省地市水利部门组织适当规模的会议或采取其他形式，交流滴灌工程在规划、设计、施工、管理方面的经验，以使滴灌技术得到进一步的发展，充分发挥其省水、节能、增产的效益。

3.3　大力开展科学试验和设备改进试制工作

为了积累资料、探索规律、改进设备，为滴灌工程规划、设计、施工、管理提供科学依据，各地应重视开展滴灌试验研究工作。最好每一个果树树种和每种主要滴灌作物安排一个试验点，探索耗水规律和优化灌溉制度。滴灌系统的设备、管材、管件及滴头，亦应通过试验不断改进提高，使其向经济、实用、耐久方向发展。

滴灌技术在河北省的推广应用*

河北省水资源严重不足,尤其提供给农业的水资源将日趋紧张。因此,改进农田灌溉技术,是我们面临的一项重大课题。滴灌作为一项节水型的先进灌水技术,日益受到全省各地的普遍重视。为了探讨这项技术在河北省推广应用的前景,我们曾对全省已有的滴灌工程做了一次考察了解,现综述于下。

1 河北省滴灌技术推广概况

河北省自1974年引进滴灌技术,而后开展了对滴灌技术的研究,由于当时滴灌设备的研制刚刚开始,所以滴灌技术研究工作进展比较缓慢,仅在个别试点进行。1982年底全省滴灌面积仅为86.0hm²。随着滴灌设备生产的定型化,滴灌试点经验的日臻完善,滴灌技术的推广工作有了较快的发展。1983年底滴灌面积增加到185.0hm²,1984年底猛增到675.8hm²。此时,全省共建成滴灌工程80处,其中,果树滴灌工程62处,面积437.1hm²,占64.7%;花生滴灌工程17处,面积237.8hm²,占35.2%;仅有一处大麦滴灌工程,面积0.9hm²。从分布上看,73处集中在唐山市所属各县,其中,遵化、迁西、迁安三县就占64处,其余工程分布于承德、张家口和邢台等地区。

2 滴灌工程的经济效益

河北省滴灌工程主要有两种类型:果树均为固定式滴灌系统,花生为移动毛管式半固定系统。滴头种类以微管式滴头(亦称发丝滴头)为主,管式滴头采用较少。果树固定式滴灌系统各级管道均埋于地下,近几年微管滴头亦采用地埋式,以减少人为损坏。这种系统单位面积投资一般为900~1 350元/hm²(不包括水源工程)。据遵化县31处滴灌工程分析,平均单位面积投资1 342.5元/hm²,其中控制面积5.3~8.0hm²者11处,平均投资1 108.5元/hm²;3.3~5.3hm²者10处,平均单位面积投资1 327元/hm²;3.3hm²以下者10处,平均单位面积投资1 616.2元/hm²。以控制面积6~7hm²投资较省。控制面积过小,首部枢纽设备费及土建费所占比重增高,平均单位面积投资增大。花生半固定式系统,其干、支管道亦埋于地下,只有带滴头的毛管移动于作物行间。每条毛管控制范围一般为30~40m,毛管长度多为50m左右,这种系统单位面积投资一般为450~600元/hm²(不包括水源工程)。据迁安县1984年底统计,20处共203.2hm²花生滴灌工程,总投资11.75万元,平均单位面积投资578.2元/hm²。

滴灌工程的经济效益十分明显。如迁安县1983年73.3hm²花生滴灌示范区,平均产量3 134kg/hm²,比不灌水花生(平均产量2 361kg/hm²)平均增产773kg/hm²;1984年203.2hm²滴灌区平均产量3 494kg/hm²,比不灌水花生(平均产量2 272kg/hm²)平均增

---

* 本文为全国喷灌技术推广联络中心约稿,刊登于《喷灌技术通讯》1985年第4、5期。署名王文元、范逢源,执笔王文元。

产 1 222kg/hm^2。两年平均计算,滴灌花生平均增产 998kg/hm^2。若按当地收购价 0.892 元/kg 计算,每公顷增收 890 元。滴灌工程年费用采用迁安县水利局分析成果 81.75 元/hm^2,滴灌效益分摊系数按 0.6 考虑,则平均每公顷净效益 452.1 元。该滴灌区平均单位面积投资 578.2 元/hm^2,还本年限仅为 1.28 年,投资收益率 78.17%。此外,根据示范区内滴灌、喷灌、畦灌田间对比试验滴灌比畦灌省水 86%,省电 85.3%,每 1m^3 水灌溉效益为畦灌的 11.9 倍。单井控制面积滴灌比畦灌扩大 3~5 倍。

此外,果树滴灌点如遵化县达志沟板栗、涿鹿县杨家坪仁用杏滴灌都有明显的增产效益,详见表 1、表 2。

表 1　遵化县达志沟板栗滴灌增产效益

年份	滴灌产量(kg/hm^2)	不灌水产量(kg/hm^2)	增产量(kg/hm^2)	增产率(%)
1982	1 425	712	713	100
1983	2 500	1 282	1 218	95
1984	3 630	1 260	2 370	188

表 2　涿鹿县杨家坪林场仁用杏滴灌增产效益

年份	每株产仁用杏(kg/株)			滴灌单株增产率(%)	滴灌面积占总面积(%)	滴灌产量占总产量(%)
	平均	滴灌	未灌			
1982	0.625	1.23	0.51	41	14.89	33.58
1983	0.465	0.57	0.365	56	21.00	32.95
1984					31.00	55.60

3　推广滴灌技术的主要经验

河北省在推广滴灌技术方面积累了不少宝贵的经验,概括起来有以下几点。

3.1　重视技术培训,组建设计施工队伍

滴灌工程能否发挥省水、节能、增产的优势,关键在于抓好设计、施工、管理三个环节。而抓好这三个环节的关键又在于人才培训,全省各地水利部门都比较重视。例如,滴灌发展最快的唐山市及所属遵化、迁西、迁安等县,1983 年以来,分别邀请水电部水科院的专家,河北省水科所及本地区从事滴灌技术研究的工程技术人员讲课,举办滴灌工程规划设计、施工安装以及运行管理等各种培训班,培训了技术骨干 330 多人,初步形成了滴灌设计、施工、管理的专业队伍。

3.2　因地制宜,搞好规划设计

由于各地自然条件千差万别,按书本的统一模式进行规划设计,往往是不够的,可能造成较大的误差。因此,必须针对当地的自然条件特点,因地制宜搞好设计。遵化、迁西两县的工程技术人员认为,由于山丘区地形复杂,按书本程序在地图上设计,施工时往往要做较大的变动,甚至重新设计。这是因为图的比例尺太小,无法反映局部地形的变化。

因此，支管压力变化计算不准确，而实测大比例尺地图又来不及，此时，他们摸索出一套现场设计经验。首先，在现场查勘的基础上，根据地形特点、水源位置、灌溉范围、果树分布状况等，拟定几种方案，而后详测干支管道沿线纵断面，并在现场根据果树株行距确定毛管位置和控制株数以及每株数滴头个数。这样，使设计与实际地形相符，保证了滴灌均匀度。

3.3 严格安装调试，保证工程质量

为确保工程质量，管道系统安装好以后，还必须进行放水调试。根据各地经验，一般每条支管要量测首、中、尾三条毛管进口处的压力和流量，这三条毛管又分别量测首、中、尾三个滴头的出水量。一般认为实测值与设计值误差在 ±10% 以内视为合理。否则调整水阻管长度或微管滴头的长度。

调试合格后，方可将管道沟回填，一般要求干支管道埋于冻土层以下，毛管埋深不小于 30cm。

3.4 发挥试点示范作用，推广滴灌技术

唐山市滴灌技术推广较快的一条重要经验是重视试点的示范作用。1982 年在遵化县达志沟建立了板栗滴灌试点，当年产量翻番。1983 年又在迁安县建立了 $67hm^2$ 花生滴灌示范区，当年每公顷增产 772kg。这样明显的经济效益，起到了两个方面的作用，一是增强了领导部门推广这项技术的信心；二是打消了群众的顾虑，从而主动要求引进滴灌技术。

根据各地经验，选择试点应具备以下条件：第一，领导班子比较强，具有改革的精神；第二，农民有积极性，能主动配合试验工作；第三，有一定技术力量，经短期培训可以承担起日常观测工作；第四，有一定经济实力，能自筹资金购置滴灌设备。

4 当前滴灌技术推广中值得注意的几个问题

4.1 加强宣传报道工作

河北省的滴灌技术推广工作，发展很不平衡。唐山地区发展较快，承德地区次之，其他地区有的已经开始试点，有的尚拿不定主意。除了自然条件的差异外，还有认识上的差距，说明我们的宣传工作还没有跟上，还应进一步加强。

4.2 必须狠抓已建成工程的管理工作

通过滴灌考察了解到，已建成工程的管理工作仍然是一个薄弱环节，一般都缺少严格的规章制度，甚至连运行记录都没有。个别老试点，设备损坏、丢失严重，不得不停用。究其原因主要是管理不当。一方面，以前搞的工程面积比较大，与后来的土地承包责任制有些矛盾；另一方面，以前的工程多为国家或科研单位投资，没花农民自已的钱，缺乏管理的责任感。考察中还了解到，一般以个人承包或联户承包的工程管理较好，维修保养及时，设备完好率高。由大队统一管理的工程，好坏不一，管理班子比较强的，制度比较严的，工程运行较好；管理班子差的，设备有丢失损坏现象。如有的阀门处未建阀门井并加盖上锁，致使设备遭破坏。还有的因冬前未及时排水，导致管道冻裂。因此，不管采用哪种管理体制，一定要建立强有力的管理班子，制定严格的管理制度。建议县级水利管理部门狠抓滴灌工程的管理工作。

4.3　科学试验工作有待加强

滴灌的试验研究工作虽取得不少成果,但总的来讲尚待深化,比如,像作物耗水量这样至关重要的数据,尚缺乏试验资料。各种滴灌作物合理的灌溉制度更有待研究。因此,建议加强滴灌的科学试验工作,全省统一安排,对各种滴灌作物,最少安排一个试点进行科学试验,探求滴灌条件下作物的耗水规律和经济合理的灌溉制度。

4.4　滴灌设备有待进一步改进

考察中反映较大的问题是管材规格不标准,特别是微管滴头管径变差大,影响滴头出水均匀度;其次是过滤器形式单一,无法适应不同的水源条件;还有化肥罐难以控制化肥溶液浓度等。这些问题值得进一步改进。

此外,塑料管道被鼠咬坏的现象时有发生,亦应引起生产厂家及管道研制部门的重视。

关于滴头堵塞问题,由于滴灌系统运行年限较短,化学堵塞并不严重,生物堵塞比较容易处理,所以,目前反映并不强烈。

综上所述,滴灌技术的推广应用在河北省已经取得可喜成果,山丘区果树滴灌、平原沙土地花生滴灌都取得了明显的经济效益,可以放心地推广应用。但由于滴灌设备有待改进,试验资料有待完善,管理体制有待健全,因此滴灌还应有计划、有步骤扎扎实实地发展,切忌一哄而上,华而不实。对于原有水利设施完善,地面灌溉技术较高的大田作物区,发展滴灌应取慎重态度,除非水源不足,已严重影响农业生产,一般不宜改地面灌溉为滴灌。

河北省低压管道输水灌溉技术的发展与展望*

——管道灌溉工程考察报告

众所周知,井灌区利用管道输水灌溉,与土垄沟输水灌溉相比,一般可节水30%,节能20%~30%,节地1%~2%,灌水周期缩短1/3~1/2,增产10%~15%,从而使灌溉水利用效率提高50%~60%。这项技术的推广,对水资源严重不足的河北省具有十分重要的意义。

由于河北省政府、水利厅与各级水利部门的重视,管灌技术发展很快,取得了很大的成绩,积累了许多成功的经验。当然,由于种种原因,也存在某些尚待解决的问题。为了促进这项技术积极、稳妥地发展,1990年夏秋之际,在河北省水利厅科教处的大力支持下,我们对廊坊、沧州、保定、衡水、唐山、秦皇岛等6地市14个县、区的管道灌溉工程进行了技术考察,现将考察情况汇总如下。

1 河北省管灌工程发展概况

早在20世纪60年代,河北省在研究、推广渠灌区渠道防渗的同时,就提倡在井灌区推广垄沟防渗技术,并进行过一些管道输水试验,曾建立水泥管、缸瓦管以及其他当地材料管道的试点,由于当时对节水的认识还不深刻,加上多为土法上马,没有配套产品,因而没能发展起来。70年代末80年代初,通过水资源评价,加上连续多年少雨干旱,机井大量超采,地下水位迅速下降,使我们认识到水资源短缺形势的严重性,感到了发展节水灌溉的紧迫性,因而引进了国外喷灌、滴灌技术,并一度出现了"喷灌热"。由于当时这项节水技术尚不成熟,特别是设备研制跟不上,质量很差,不具备大规模发展的条件,使我们走了一段盲目发展的弯路。在总结经验的基础上,沧州、衡水、邢台等地区先后开展了管道输水方面的研究,探求适合河北省当前农村生产体制和经济能力的节水灌溉方法与技术,取得了一些成功的经验,此后,管道输水灌溉技术由试点逐步推开。

1984年,随着塑料工业的迅猛发展,"小白龙"(塑料软管)被引进到河北省,深受农民欢迎,出现大量使用供不应求的可喜局面。据1986年底统计,河北省各种管道控制面积达到44.5万hm^2,其中地面软管控制面积39.5万hm^2,占88.7%,总长达到2 772万m。其他管材使用情况分别为:地下硬塑管道165万m,控制面积3.27万hm^2,占7.3%;地下混凝土管73.8万m,控制面积1.77万hm^2,占4%。1988年塑料原材料的大幅提价,曾使地上输水软管、地埋硬塑管的应用受到一定制约,而此时混凝土管道在制管机械、生产工艺、接口技术、配套管件等方面都取得了不少进步,有一批研究成果用于生产,使混凝土

---

* 本文刊登于《海河科技》(后改名为《河北水利水电技术》)1991年第1期。署名王文元、范逢源,执笔王文元。管道灌溉工程考察是根据当时河北省管灌技术推广形势,由河北省水利厅科教处立项资助的课题,本文为考察总结。

管的应用向前发展了一步。硬塑管为降低造价,向薄壁发展,又逐渐打开了销路。

总之,“七五”期间,由于河北省水利厅及各级水利部门的高度重视,大力开展试点示范,并在资金上给予一定的扶持,加上一批科研成果迅速应用于生产,使管道工程的发展呈现每年增长一倍的势头。到1989年底,各种管道灌溉面积达到72.86万 hm^2,与1986年相比,增长1.64倍;管道总长达到5 122.7万m,与1986年相比,增长1.85倍,配套水平亦有所提高。地上输水软管当年使用长度为4 083.6万m,控制面积53.29万 hm^2,占管道控制面积的73.1%,与1986年相比,下降15.6个百分点;地埋硬塑管645.8万m,控制面积10.62万 hm^2,与1986年相比,增长3.25倍;地面混凝土管174.6万m,控制面积10.47万 hm^2,与1986年相比,增长2.15倍。

上述发展情况表明,长久性管道的发展日益受到重视,配套标准不断提高,节水效益更加明显。从地埋固定管道的发展上看,硬塑管又占有明显的优势。由于农村经济能力的制约,地上输水软管仍占有较大比重,在井灌区灌溉节水上发挥着很大作用,不容忽视,宜加强指导,改进产品质量,延长使用寿命。

由于全省各地自然条件、经济能力有较大差距,管灌工程的发展也是不平衡的,就全省而言,1989年全省管灌面积已占井灌面积310.87万 hm^2 的23.4%,其中,地上软管面积占17.1%,其他管道灌溉面积占6.3%。管灌面积所占比例超过全省平均数的有:沧州、廊坊、保定和邯郸等四个地区(详见表1),尤以沧州地区居首,管灌面积已占井灌面积的62.55%,但多为临时性地上输水软管,地下固定管道控制面积只占井灌面积的4.29%,尚未达到全省的平均数(4.64%)。地下硬塑管道铺设最多的是廊坊地区,总长193万m,控制面积2.71万 hm^2,占全省控制面积的25%。地下混凝土管道铺设较多的是衡水、沧州、邯郸、邢台等地区,控制面积各占全省的11%~19%。承德、张家口地区管灌面积虽占本地区井灌比例较大,但因井灌面积较其他地区小,管道总长度相对较少。

表1　管灌面积占井灌面积比例

地区名称	防渗面积占井灌面积百分比(%)	垄沟防渗面积占井灌面积百分比(%)	管灌面积占井灌面积百分比(%)				
			合计	地上输水软管	地下硬塑管	地下混凝土管	其他
全省	31.81	8.46	23.43	17.14	3.42	1.22	1.62
邯郸地区	27.32	3.12	24.20	21.73	0.46	1.85	0.16
邢台地区	27.64	6.68	20.96	12.37	3.65	1.77	3.17
石家庄地区	20.74	9.82	10.92	5.27	1.55	0.51	3.59
保定地区	32.04	8.64	23.40	18.36	4.02	0.59	0.43
衡水地区	27.83	6.53	21.30	13.00	4.52	1.95	1.23
沧州地区	68.54	5.99	62.55	58.05	2.58	1.71	0.22
廊坊地区	29.75	2.75	27.00	12.94	12.38	0.05	1.63
承德地区	22.43	4.43	18.00	6.23	1.06	3.43	7.28
张家口地区	38.03	32.13	5.90	0.14	1.63	3.00	1.13
唐山市	20.39	3.39	17.00	12.38	1.59	0.30	2.73
秦皇岛市	21.30	5.93	15.37	11.45	1.81	1.31	0.77

2 管灌技术进展

这里所说的管灌技术包括管灌工程的设备、工程设计、施工以及管理技术。管灌工程设备主要是管材、管件、出水口以及机井首部量测、控制和安全部件,例如压力表、逆止阀、进排气阀、安全阀等。

2.1 管材研制上的进展

根据因地制宜,就地取材的原则,河北省先后研制过多种管材,用于地埋固定管道的有:聚氯乙稀硬塑管、混凝土管、水泥土管、石棉水泥管、菱镁土管以及缸瓦管等;用于地上输水的有改性聚乙烯软管、尼龙绸管等;用于地埋软管的外包料有黏土、灰土、石屑混凝土和混凝土等。从近几年使用情况看,地埋管以硬塑管和混凝土管居多,聚氯乙稀硬管具有抗压强度高、抗渗性能好,糙率小,施工工艺简单,易为群众掌握,以及使用年限长,便于工厂大批量生产等特点。主要问题是价格比较高,发生损坏、漏水事故时,处理比较麻烦。为了降低工程造价,河北省灌溉中心试验站与保定塑料厂合作,研制出薄壁管。保定塑料厂、沧州第三塑料厂又推出壁厚仅 1.8mm 的超薄壁管,把价格降了下来,产品销路甚好。但是,使用超薄壁塑料管需注意施工工艺,沟底中心应挖成半圆形,回填土时应首先填实管的两侧,防止管道变形。据天津水科所观测,若不注意施工工艺,可导致薄壁管变扁,过水断面减小,所以,建议采用 2.0mm 以上壁厚的硬塑管。

硬塑管接头也有新的工艺,保定塑料厂生产带有扩口的管道,连接时不必加热,仅在插入前将管道一端涂上 601 粘结剂即可,施工简单,防漏水效果好;河南生产出螺纹双壁硬塑管,接头带有密封胶圈,插入式连接甚为方便。这些工艺的改进,为硬塑管的广泛应用创造了条件。硬塑管道一个薄弱环节是管件尚不理想,厂家的焊接管件(三通、弯头等)质量不稳定,且规格不成系列,而自制钢管管件不但易锈蚀,且与塑料管连接时往往因密封不好而漏水,这是需要改进之处。此外,硬塑管的堵漏技术亦应列入研究计划,使管道维修技术进一步提高。

考察中各地反映强烈的一个问题是,有些个体厂家未经有关部门检测的不合格再生管产品充斥市场,他们以低价诱骗用户,上当者大有人在。这些质量差的产品,无法保证工程正常运行,给用户的使用造成隐患。对此,建议水利主管部门和工商部门协同采取必要措施予以限制,以保证工程质量。

当机井出水量小于 $60m^3/h$ 时,一般选用管径(外径)125mm 和 110mm 的硬塑料管,价格 6~8 元/m,若用混凝土管,造价也节省不了多少;当机井出水量大于 $60m^3/h$,需选用管径 160mm 的管道,按保定塑料厂生产的 2.5mm 壁厚的塑料管,每米价格 13.5 元,工程造价将大幅提高,此时,一般采用混凝土管。肃宁水利管厂、武邑水利管厂生产的内径 200mm 的混凝土管,流速 0.8~1.0m/s,可通过 $90\sim115m^3/h$ 的流量,包括接头在内,每米管长 8.5 元,比塑料管费用降低 37%;肃宁水利管厂又在研制掺粉煤灰的混凝土管,若成功,造价还可降低 30%左右。

目前,河北省许多县有制管机,可以生产出强度、抗渗都合格的产品,但一般质量不够稳定,有的加压到 $1kg/cm^2$,管壁会呈现“出汗”现象;有的内壁有纹路不光滑,会加大糙率,增加水头损失。建议主管部门尽快制定有关规范,严格控制施工质量。混凝土管一般管长为 1m,因此接头处理工作量既大又麻烦,稍有疏忽就可能开裂漏水,这仍然是值得进一步研究的问题。肃宁水利管厂研制每节 1.5m 长的混凝土管和柔性接头,对混凝土管的更加广泛应用大有好处。

其他管材,如水泥土管、石棉水泥管、菱镁土管等,因为都有一些技术难题未能很好解决,尚难以大量推广应用。比如水泥土管的抗渗性能问题,菱镁土管潮解降低强度的问题,石棉水泥管造价高、抗折强度低、抗冲击能力差等问题,都有待进一步改进。

河北省有些地区搞了地埋软管试验,也未能推广,原因一是施工麻烦,二是质量不易保证,有损坏之处,修复较难。我们曾去河南省新郑县调查,该县使用地埋软管较早,但农民不大欢迎,现在基本不用了。

综上所述,河北省地下固定管道多为硬塑管和混凝土管,地上输水管道多为“小白龙”,但发展趋势是固定、半固定管道输水灌溉系统逐渐取代“小白龙”。还有一种形式值得一提,地下为固定管道,出水口接尼龙绸做的闸管系统,实现二级配套。闸管系统分别开启,直接放水入畦田,节水效果更好,但目前尚在研制、试验阶段。

2.2　出水口(给水栓)的使用与改进

河北省管灌技术应用较早,发展较快,各地都试制了大量出水口,类型不下几十种,按出水口材质分,有铸铁出水口、焊接钢管出水口和塑料出水口;按结构形式分,有简易丝盖型,机械压盖型,拍门止水型,旁孔翻水型以及浮球型等五种出水口。简易丝盖出水口多为铸铁件,构造简单,造价低廉, 坚固耐用,但出水口无法与二级移动管道连接,开启时工作条件也较差;机械压盖式出水口使用比较普遍,这种形式又有螺杆启动、销杆启动、杠杆启动等多种形式,结构上又有整体结构和上下部组合结构之分,上下部组合结构的螺纹压盖出水口,类似于半固定喷灌系统主管道上的给水栓,见图 1。下部栓体固定在竖管上,带有密封胶圈的螺纹压盖拧在下部栓体上。上部栓体像个帽子,有侧向出水口,顶端有个带手柄的杆件,作为启动下部结构中压盖的板子。这种出水口设计合理、启动灵活、密封性好、水流阻力小、坚固耐用。上栓体不必每个出水口都配备,因为管灌系统一般只开启一个出水口,所以,一个管网系统配备 2～3 个出水口就够了。上栓体与下栓体用挂钩快速连接,可以转动任何方向,便于同下级闸管系统的连接,是一种比较可靠的出水口形式。

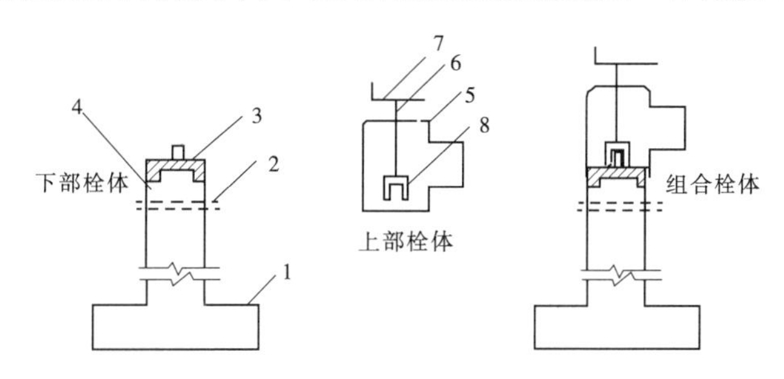

图 1　螺纹压盖型出水口(给水栓)

1. 三通;2. 法兰盘;3. 螺纹阀盖;4. 下部栓体 5. 上部栓体;6. 启动阀杆;7. 手柄;8. 缺口板子

整体结构的压盖型出水口有螺杆启动、销杆启动和杠杆启动等类型,其中,螺杆启动比较可靠,但螺杆宜经常防护,避免锈蚀。整体结构只能向固定方向供水,使用受到一定限制,造价与组合结构出水口相近。拍门止水型出水口也有两种类型,一种拍门设在竖管上，一种拍门设在弯头处。这两种形式都有结构简单、造价较低的优点，但有时封闭不严，插入弯管打开拍门有时不灵活，有待进一步改进。浮球型出水口尚在试制阶段，未大量投放市场。

目前，河北省出水口类型虽多，但大多未做性能测试，建议河北省水利厅组织有关部门进行测试，从中筛选较优出水口，定点批量生产，以降低造价，并避免各地分散、重复研制浪费人力、物力和财力。

2.3　规划设计理论进一步完善

河北省大面积推广应用管道灌溉的实践，也推动设计理论的进一步完善。1986 年以前，各地多采用树状管网的布置形式，近几年，有的地区探讨了环状管网应用的可行性，如廊坊大城县、保定雄县等都搞了环状网试点，科研和工程技术人员对环状网的设计理论、方法进行了研究，发表了一批有价值的文章。从目前研究和使用的情况看，环状网在一定的条件下比树状网经济，因为，当出水口出流量相同时，环状网多管路供水，其管径可较树状网单管路供水为小。此外，环状网还有利于水锤防护，各出水口出流量变幅较树状网小等优点，特别是，当需打开两个出水口同时供水时，树状网若不是对称打开两个出水口(或者两个出水口到机井距离相近)时，两个出水口流量会相差悬殊，而环状网则可避免这个弊病。环状网也有不足，当某处管道或出水口发生故障时，会使全网停水，特别当管网为多环时问题更加突出。若为了便于检修而增加许多阀门，又会使管网造价提高。因此，环状网和树状网哪个更经济、更安全、更合理需要进行方案比较，不但考虑一次性投资的大小，还要考虑运行费用和管理，从中选优。

在管网设计时把水泵工况点的变化考虑进去，尽量使管网任一出水口工作时水泵工况点都在高效区，以提高水泵工作效率，降低能耗，这也是管网设计计算上的进一步完善。此外，无论树状管网还是环状管网把优化设计思想运用于规划设计中，也是设计理论的一大进步。

在考察中了解到，不少管理较好的管灌工程都有规划设计文件，建有技术档案。但大部分工程缺少这些资料，有相当多的工程没有规划设计文件，不知道水泵的工况点会变化，不了解水泵扬程潜力还有多大，甚至也不实测水泵的出水量，只是按照“3 吋泵配 4 吋管”或者“4 吋泵配 4 吋管”的经验选择管道的管径，以至于造成管径选择不合理，或使投资增加或使耗能增加。有一处工程，未建管网前，水泵出水量 $63m^3/h$，建成管网后，距井 200m 远的一个出水口开启时，出水量只有 $30m^3/h$，水泵流量降低了 50% 还多，显然是管径选小了，使水泵工况点偏离了高效区。这些问题应该引起各级主管部门的重视。一些农民说“管灌工程不省电”，恐怕是设计不合理引起的。

管网设计上还有些问题值得研究，比如管网按位置最远(或最高)出水口的出流量设计是否合理；保证开启管网任一出水口时水泵都在高效区的设计方法；以及群井汇流工程的设计理论与方法等。

2.4　管灌工程的管理

水利工程是否能充分发挥效益，关键在于管理。我们在考察中看到，目前管灌工程的管理是一个非常薄弱的环节。比如，有的工程因一、两处损坏，不能及时修复而报废，实在可惜。建议召开专门会议研究管理问题，制定管理条例和规章制度，使管理工作走上标准化、制度化的道路。

当前，河北省管灌工程的管理形式大体有两种，一种是村委会统管，由专管人员向村委会承包机井管理和管网管理，责任明确，有奖有罚。例如，河间县位村乡就是这种形式，每眼井及所配管道都有专人承包，村委会在机井旁拨给 0.13hm² 责任田，每年还给一定的补助费，并制定奖惩办法，严格执行，保证了工程完好。农民浇地统一编号，秩序好，受到农民好评。另一种形式是由机井的机手代管，浇地顺序由机手编排，管理费用加到机手的报酬中，一般没有什么规章制度，管理比较松散。

关于收费标准，各地都有不同，机电配套的地方一般按电表计量收费；有的地方更简单一点，按浇地面积收费；还有比较富裕的村子按每年单位面积多少钱收费，这种形式对实现节水管理不利，应予改进。

3　管灌技术发展展望

随着世界性水资源危机感的加深，许多国家都在积极研究和推广节水灌溉技术，特别是一些发达国家利用先进的技术和设备武装灌溉工程系统，使传统的灌溉技术更新换代。例如美国和苏联，在发展喷灌、滴灌技术的同时，更重视管道输水灌溉的推广和应用。据有关资料的介绍，1984 年美国 12 个州中管道灌溉面积占地面灌溉面积的 1/2，苏联则占 63%，而且由井灌区向渠灌区发展。这些国家的配套水平，自动化控制水平都是比较高的。灌溉水自水源加压后，通过各级管道输送，最后经过闸管系统直接供水到田间灌水沟，灌溉水利用系数都在 0.9 以上。闸管系统结构简单，使用灵活，造价也不高，管道为快速连接，非常方便。

河北省目前管灌技术还处于发展阶段，由于经济能力的限制，我们的配套水平还比较低，一般地下固定管道系统每公顷管道长度仅为 45～60m，有的还不到 45m。除个别工程配套标准稍高外，绝大多数只有一级管道，少数工程配有二级输水软管。因此，节水效果有限，节水潜力还是很大的。随着田间闸管系统的研制、应用和改进，管网的配套标准将会大大提高。

喷灌、微喷灌和滴灌不但投资较高，而且设备尚需进一步改进。因此，对大田作物而言，若想大面积采用节水灌溉技术，提高水资源的有效利用率，管道灌溉将大有用武之地，必将得到迅速发展。这项技术已为农民所接受，只要有关主管部门加强指导，组织力量对尚存技术问题联合攻关，加强对现有工程的管理，管道输水灌溉技术必将有日新月异的面貌。当然，由于河北省各地自然条件，经济能力有很大差异，强求一律既不现实也不合理，有的县地上输水垄沟防渗技术比较成功，使用较好，农民也很赞成，没有必要推倒重来硬性推广管道灌溉技术。因地制宜，因势利导，坚持积极、稳妥，讲求实效，河北省的管灌技术在“八五”期间必将呈现一个蓬勃发展的新局面。

河北省微灌技术应用前景、问题与对策*

[提 要] 河北省人均水资源 300m³,是极度缺水地区。节水效果明显的微灌技术,势必将得到大面积推广应用,但设备、技术、管理以及政策上的一些问题,应该首先得到解决。

21世纪水资源危机势必将农业节水技术的研究和应用推向一个新的更高的层次。中国是一个大国,又是一个缺水国家,人口占世界的1/4,节水应成为我们求生存、求发展的基本国策。河北省水资源仅及全国的1/7,因此河北省农业节水要在现状用水的基础上大幅度减少,从而使水资源得以可持续利用。为此,微灌技术的大面积应用势在必行。

1 河北省水资源开发利用的严峻形势

20世纪50年代,河北省仅地表水就达330亿m³,而用水量不足40亿m³,那时,河北平原到了雨季,井水用一根扁担就能提上来,大河、小河常年流水,从天津乘船沿南运河可直达邯郸、大名,沿大清河经白洋淀可直达保定。50年后的今天,呈现在我们面前的景象却是"有河皆干,有水皆污",风沙大,空气干,生态环境恶化的程度令人难以置信。由于人口增长,经济发展,不合理的水资源利用,导致地表水过度开发利用,地下水严重超采,使得河北平原地下水位下降了15~20m,"华北明珠"白洋淀连续干淀,2000年,不得不启用"引岳济淀"工程,从千里之外的岳城水库向白洋淀调水。

据近期的水资源评价结果,河北省水资源总量为203亿m³,人均水资源仅300m³多一点,属极度贫水地区。以往,由于对水资源短缺形势认识不足,节水措施不力,可以说,河北省的社会发展、经济繁荣是以牺牲环境为代价的,当我们对此有了一定认识后,这种现象必须根本上扭转。

2 微灌将成为河北省地下水灌溉农业的主要节水技术措施

河北省水资源总量为203亿m³,在未考虑生态用水的情况下,现状平水年可利用量仅为150亿m³,而2000年全省总用水量达215亿m³,超出65亿m³。在总用水量中,农业用水占75%,仅农田灌溉用水量就占72%,用水量高达155亿m³。今后,随着经济社会的发展,如果使生活与工业用水零增长(难度很大),只有将灌溉用水减少40%以上,才能实现水资源供需的基本平衡,加上南水北调的水量,才能使生态环境初步得到恢复和改善。

灌溉用水量能不能减少40%,我认为可能性是存在的。如果结构调整的节水贡献率达10%,农艺节水贡献率达10%,工程与管理节水达20%,就能实现。目前,河北省400多万公顷灌溉面积中,井灌面积占85%以上,井灌面积中主要节水措施是管道灌溉,微灌

* 本文收入《第六次全国微灌大会论文汇编》,署名王文元。本文是2000年"全国第六次微灌会议"的论文,该会由中国水利学会农田水利专业委员会微灌工作组主办,河北国农节水工程有限公司承办。

面积只有 0.8 万 hm^2，不到井灌面积的 0.2%。从发展上看，大大增加微灌面积，使工程节水贡献率达到 20%不成问题。

河北省微灌面积大幅度增长不仅是必要的、急迫的，而且是可行的。目前，河北省蔬菜面积增长较快，特别是设施蔬菜，种植面积占井灌面积的 10%，传统地面灌溉用水量 6 000m^3/hm^2 以上，采用膜下滴灌技术，灌溉用水量可以减少一半，而且可以降低棚内湿度，减少病害，提高蔬菜品质和产量；河北省棉花种植面积占井灌面积的 11%左右，近两年还有增加的趋势，采用传统地面灌溉用水量 3 750m^3/hm^2 左右，采用膜下滴灌，用水量可以减少 60%；如果地下滴灌或渗灌设备与技术逐渐成熟，在小麦种植区推广，其节水潜力更大，单位面积用水量至少能降低 30%～40%。

综上所述，要想使河北省现状农业用水减少 40%，微灌技术的大面积推广应用是必然之举。

3　河北省微灌技术应用现状及存在的主要问题

据 2002 年统计资料，全省微灌面积 0.778 万 hm^2，主要用于山地果树和平原的设施蔬菜，2003 年又发展棉花膜下滴灌 0.13 万 hm^2。山地果树滴灌主要采用内镶式滴灌管，果树微喷灌主要采用多流道简易微喷头，小管出流在山地果园也很受欢迎；目前，日光温室、大棚的滴灌系统主要采用内镶式滴灌管和薄壁滴灌带；棉花引进了新疆滴灌技术，主要采用 16mm 滴灌带。

目前，微灌应用上存在的主要问题有以下几个方面：

(1)政策方面。由于灌溉提取地下水不收水资源费，农民对节水缺乏足够的积极性。为什么喷灌被农民说"不"，主要问题是省水而没有省钱，由于喷灌工作压力较高，电费反而多花了。如果微灌增加的耗能支出，也把节水的直接效益给吃掉了，照样会被农民说"不"。

(2)设备价格方面。虽然农民手中的钱是多了一些，但采用微灌还要考虑投资是否负担得起，是否合算。比如大棚滴灌，若采用 16mm 滴灌管，面积 0.067hm^2 左右的大棚其滴灌系统投资在 1 200～1 500 元，农民难于接受。山地果树采用内镶式滴灌管，投资 10 500～13 500 元/hm^2，依然偏高。如果投资能降至 7 500 元/hm^2 以下，应用面积会大大增加。

(3)管理方面。微灌技术相对而言技术含量较高，管理人员需进行一定的培训。总结以往经验，因管理不善而报废的工程占绝大多数，在管理上存在的问题比技术上更多一些。比如，蔬菜大棚的休闲期(夏季)，滴灌设备怎么办？放置原处，风吹日晒影响寿命，还容易丢失损坏；拆下来，没地方存放，有的只好将滴灌管挂到后墙上，同时拆装也很麻烦，加上缺乏技术指导，再安装时，往往漏水不断。山地滴灌同样存在上述问题，地上管道不拆，冬天难过；拆下来，不好存放，且再安装很麻烦。上述问题看似简单，若不能根本解决，势必影响推广。

(4)设备方面。设备方面的主要问题是产品质量得不到可靠保证，往往不同批量的产品性能就有差异，有些产品出厂时没有进行质量检测。产品规格、型号也有待统一。此外，地下滴灌、渗灌的设备和技术尚待进一步开发。

(5)技术方面。滴灌、微喷灌技术是比较成熟的,但仍有一些值得研究的问题,例如,果树滴灌或微喷灌设计,只注意到毛管上灌水器出水量的均匀性,而如何提高果树吸水根区湿润的均匀性,尚需进一步研究;又如,山地滴灌或微喷灌,由于高差变化大,若不严格进行压力分区,进行优化设计,会使计算的总扬程过高,不但增加投资,而且大大增加运行费用;再如,蔬菜大棚滴灌带出水的均匀性,按照常理,滴灌带长度仅 6～7m,滴头出水均匀性应该接近 100%,但有的用户及蔬菜专家反应,靠近旁通的滴头出水量小,且带有普遍性,值得研究。

4 河北省微灌技术发展对策

如上所述,由于河北省水资源的严峻形势,微灌技术的大面积应用理所当然。然而,农民是否接受,关键是能否解决上述问题,为此,提出以下建议。

(1)微灌技术科技含量相对较高,设备投资也比较高,为了使这项技术得到科学合理的应用,为了防止因降低造价而粗制滥造,建议加大国家补助力度,工程一次性建设投资的 70%由国家负担,农民仅负担投资的 30%及每年的运行费用。相当于国家出钱换回节水的社会效益与生态效益,否则,节水的社会与生态效益由农民个人负担,显然不合理。

(2)在保证微灌产品质量的前提下,降低工程造价。统一产品规格、型号以及质量标准,厂家不搞小而全,发挥各自优势,分工合作。水利学会微灌工作组可对全国各个厂家产品进行筛选、推荐。

(3)为了降低工程造价,并解决大棚休闲期滴灌设备老化、丢失、损坏等问题,建议温室、大棚及棉花膜下滴灌,采用直径 8mm 的一次性滴灌带,使毛管费用降低 50%,如果滴灌带每年更新费用降低到 750～900 元/hm^2,相信农民是可以接受的。果树滴灌是否也采用一次性滴灌带,可以进行试验示范,我认为可行。

(4)进一步研究或引进地下滴灌、渗灌的适用设备和技术,使其尽快投放市场,进行示范与推广。

参考文献

[1]李志强,魏智敏. 综观河北的水变化 初探西部开发的水问题. 河北水利水电技术, 2001(1)
[2]河北省水文水资源勘测局. 河北省水资源状况分析报告. 1999 年 12 月

石灰岩山地小流域综合治理的几点体会*

1　基本情况

1983年由河北农业大学水利、水文、林学、土壤、水土保持等有关学科教师和技术人员组成了“石灰岩山地小流域综合治理”课题组，承担了河北省水利厅下达的《山区小流域综合治理》研究课题，试验研究地点选在易县梁各庄镇下岳各庄村的黄安沟小流域。黄安沟小流域由一沟三岔八面坡构成，母岩为石灰岩及其残积坡积物，土壤为褐土，阳坡土层厚度一般为10～20cm，属于典型低山干旱石灰岩山地类型。

1984年课题组开始“啃”这块“硬骨头”。首先组织人力对小流域的气候、地质、土壤、植被、水土流失现状进行了详细调查，在此基础上制定了“以水土保持为中心，以增加植被、改变生态环境，减少水土流失为主攻方向，采取生物措施与工程措施相结合，治坡与治沟相结合，治理与增收措施相结合”的方针，实行坡沟兼治。坡面造林绿化荒山，沟谷垒坝建造农田，开发果园，使其形成完整的效益型生物工程防护体系，充分利用水土资源，最大限度地发挥经济、生态、社会效益，为山区人民提供脱贫致富的典范。

1984～1991年的8年间，课题组遵循上述原则，治理与试验研究并举，制定了治理荒山和开展研究的具体方案。在沟口修建了60m长的砌石坝，整修建造了5块梯田，并开发为基本农田和红富士果园；在坡脚河滩地开挖了带放射廊道的大口井，修建了240m防渗渠，使自建苗圃和果园成为水浇地。苗圃不但解决了自用苗木，还有一定的经济效益。几年来，根据边试验边推广的原则还在山坡建立了4处径流观测小区，分别在阴坡、阳坡不同部位安排了一系列不同整地方式、不同树种、不同抗旱措施对坡面径流影响的试验研究，取得了大量的观测数据。

经过8年的艰苦努力，终于使黄安沟小流域面貌巨变。昔日的荒山秃岭，变得林木满山，果树满沟，森林覆盖率达到78.7%。最难“啃”的阳坡，层层侧柏也已成林。该课题于1991年10月份通过专家鉴定，获得好评。

2　治理石灰岩山地小流域几点体会

2.1　针对石灰岩山地“旱、薄、瘠”的特点主攻造林成活率

为了提高造林成活率，课题组摸索了一套“大规格整地、适地适树、科学栽植”的造林方法，取得较好效果。

2.1.1　按不同立地条件进行大规格整地，为苗木成活打下物质基础

在坡度大于25°、土层仅10cm的坡面上，进行鱼鳞坑整地，规格为：行距3m，穴距

---

* 本文收录于《河北省山区水利建设学术研讨会论文选集》1993年7月。署名河北农业大学《石灰岩山地小流域治理》课题组，执笔王文元。该课题主持人为王天俊教授，其成果获河北省科技进步四等奖。

3m,挖深0.5m,挡水堰高0.3m;在坡度小于25°、土层相对较厚的山坡,进行水平沟整地,规格为:沟长5~7m,宽1.0m,深0.5m,挡水堰高0.2m,上下沟间距4m。这种高标准大规格整地,可保证活土层0.5m以上,雨季能大量蓄纳雨水。经试验,鱼鳞坑整地全年平均土壤含水率比未整地高8.5%,水平沟整地全年平均土壤含水率比未整地高36.9%。

2.1.2 选择抗旱树种,适地适树,提高成活率

为了筛选抗旱树种,除了调查大量实际资料外,还分析测定了主要树种的束缚含水率和观测了栅栏组织所占叶片组织的厚度。经筛选的抗旱树种为火炬树、臭椿、刺槐、沙棘、侧柏、山杏和柿子等。经过几年的试验,阴坡的刺槐已经郁闭成林,间伐后有了收入;干旱瘠薄的阳坡,栽种刺槐几次未能成活,甚至成活两年后遇到大旱又枯死,于是改种侧柏,且改秋季造林为雨季造林,取得了成功,成活率达到85%。目前,侧柏已经长到1.5m高,使荒山荒坡得到了绿化;对于山脚与沟谷阶地,则栽种了山杏、柿子等经济价值高又耐旱的树种,效果十分可佳。在阴坡还试种了火炬树和臭椿,虽能成活但生长量小,不能成林,直接经济收入比不上刺槐。

2.1.3 抗旱造林,科学栽植,确保成活

为了提高成活率,试区进行了各种以保水为中心的抗旱造林方法试验,包括盖膜、蘸萘乙酸、蘸泥浆、蘸吸水剂、深栽等五种,供试树种有洋槐、火炬树、侧柏、油松等。试验结果以盖膜效果最好,成活率达91.8%~95.4%,一次造林不需补植。据观测资料分析,盖膜能在低温季节增温,高温季节降温,对树木生理活动非常有利。盖膜的最突出优点是保湿,土壤水分在膜下"蒸上滴下"进行内部循环,使土壤长期保持较高的湿度。据测定,全年0~10cm土层含水率,盖膜处理为10.75%,不盖膜处理只有5.96%。盖膜比不盖膜几乎提高一倍。盖膜在经济上也是合算的,薄膜每公顷投资225元,不盖膜因成活率低,仅补植费每公顷就需375~600元。

2.2 优化树种结构,立体开发,复合经营,提高直接经济效益

为了使小流域治理尽快发挥效益,尽快获得经济收益,试区根据"宜林则林,宜果则果"的原则,在坡面中上部营造水保林,而且以收益较大的刺槐为主,在下部及沟谷阶地上栽植耐旱果树,在有灌溉条件的沟口梯田上栽植苹果树,以果之"短"(收益快)养林之"长"。同时,运用生态学原理,以生物互利共存为原则,建立了果、农、林、草的立体经营绿化模式。如在幼树行间种花生、芦笋,在沟沿地边种豆类及牧草等,既充分利用了土地、空间和光、热资源,又获得了较好的生态和经济效益。

2.3 工程措施合理配套,逐渐完善

工程措施一次性投资比较大,要有规划,做到合理配套,逐年完善。在荒坡上要进行鱼鳞坑和水平沟整地,在坡脚和沟谷土层较厚的地方修建梯田、谷坊坝,拦洪淤地。从山顶到沟口,层层设防,节节拦蓄,防止和减缓地表径流的形成。再加上工程措施与生物措施的紧密结合,保持水土的效果将更加明显。在有条件的地方,开发地上、地下水源,进行灌溉工程配套,在梯田上建高产、高效农田、果园,更会加快山区脱贫致富的步伐。

2.4 高度重视小流域的管护工作

小流域的管护工作与治理措施同等重要,甚至更为重要、更为艰巨。小流域应有专人管护,而且应得到行政部门、公安部门的支持,同时做好群众的宣传工作。黄安沟小流域

治理过程中,屡屡发生个别农民偷偷放牧的事件,受到不小损失,我们依靠当地政府较好地进行了处理。如果管护工作跟不上,后果将是前功尽弃。

总之,通过对石灰岩山地黄安沟小流域的初步治理与试验研究,获得了大量科学数据,探索了治理途径,取得了可喜的成果,但是问题依然不少,愿与同行互相交流,共同提高。

Research on Farmer Managing Form on Irrigation Projects in the Well Irrigation Area*

[**Abstract**] In north China, well irrigation gives a crux play to agricultural production. Management on well irrigating projects not only influence the pump use period, irrigation quality and water saving, but also bears directly farmer's vital interests. After the system of the fields irrigation equipment, we predict that all cropped area in North China must be served by the various advanced irrigation system, and the application, extension and researches of these contract responsibility was carried out, led by village committee, "Irrigation Service Corporation" was founded by farmers themselves. By means of working out the reasonable cost collecting measures and rigorous rules and regulations, the intact rate of well and utilization efficiency of irrigation are greatly raised. Labor force is liberated. So it is a typical farmer managing form in the well irrigation area.

1 Preface

Water resources being lack badly in north china, exploiting groundwater is key step to guarantee agriculture production continous development. Taking Hebei Province as an example, 85 percent of total 3,670,000ha irrigation area has being irrigated by well. Whether well irrigation project is managed or not, well impacts not only farmer's vital interests and water resources utilization, but also local agriculture rise and decline. Well irrigation projects is small, dispersed and varied in well style and groundwater depth. Field projects is more complication. There are advanced saving water pipe irrigation system and simple soil canal. Irrigation efficiency, energy consuming, coefficient of water utilization are varied. For a good managing project, comprehensive efficiency of machinepump can be up to above 40 percent, watering quota 600 – 750m^3/ha at with 0.85 coefficient of the water utilization. Otherwise, it is only 30 percent, 0.60 and 1,500 – 2,500 m^3/ha at present. A Well (discharge 60t/h) can provide 10 ha water requirement in a good manager compared with 4 – 5 ha in a bad one, so it is very important and urgent to manage well water resources and field projects efficiently.

2 General Managing Form in the Well Irrigation Area

In the cities or counties where management is valued, such as Wangdu county, Xushui County and Qingyuan County in Hebei Province, management organization is founded in

* 本文被收入《INTERNATIONAL CONFERENCE ON IRRIGATION MANAGEMANT TRANSFER》论文集，署名王文元、杨路华。中文稿执笔王文元，翻译杨路华。本文是提交国际灌溉管理转换机制大会的论文。该国际会议1994年9月在武汉举行，由国际灌溉管理协会和武汉水利电力大学主办。

counties, townships and villages. Management organization in the county is water conservancy bureau which is in charge of training managerial person for commune and village, issue certificate for managerial person, rewards or punishes collective or person, organizes to monitor groundwater level, water quality, unifies standard and convokes management conference besides well irrigation projects plan. Township organization consists of vice－governor of the township, water conservancy person and agriculture technician. It is responsible for local well irrigation projects construction and management, linking up message between the county and the village, supervising and inspecting village management. Being basic unit, village management organization manages directly well water resources and field projects, which is a hinge organization. In north china, village management organization varies in style. It can be summed up for three category. First category, farmer managing organization assigned by village committee is called water conservancy serves group, irrigation service corporation, water conservancy foundation or water conservancy society. Some of them are independent accounting, assume sole responsibility for its profits or losses, irrigate field for farmer and collect water cost, the other are slack in organization, only arrange irrigation order and maintain the project. Irrigation filed is still up to farmer themselves. Second category, management organization is set up by land contractor. For instance, in orchard, well and saving water irrigation project such as pipe system, sprinkler, micro-sprinkler are operated by special trained technician engaged by contractors. Third category, this organization is business service setup. Irrigation society of Laoting county in Hebei Province is a typical example. Buying facilities such as well pump and moving pipe etc, the society guarantees irrigation quality of fields and collects water cost according to the standard.

Among three categories, the first is the most common. Because of clear responsibility, right and interests, the second, third and special setup in first category work well in well and facilities maintenance. Other styles is in question, which can't reduce the burden of farmer, especially, those farmers who is lack of labor force or elder weak farmer.

3 Irrigation Service Corporation is a Good Style Farmer Managing Organization in the Well Irrigation Area

As we have discussed above, village management is critical in the county, the township and the village's management. In village management, special setup is more important. After investigating several counties, a conclusion can be obtained that irrigation service corporation in village is better organization if farmer managing basic unit in well irrigation area. To explain it clearly, we take Dawangting village Qingyuan county in Hebei Province as an example.

There are total population of 3,976 and field of 407 ha in Dawangting village, in which 140ha for rice, 267ha for other crops. Rice field is irrigated by domestic sewage discharged from Baoding city, while other crops are watered by groundwater pumped by 50 wells. After the system of united production construction was practiced in 1982, field dispersed by farm, irrigation is difficult, especially for farmer who is elder or weak or lack of labor force. At the same time, buying well pump also adds up farmer's burden. The other question is of wasting water greatly because of field projects lacking of necessary maintenance. To change this situation, irrigation service corporation was founded by the village committee in 1982, reorganized in 1985, 1990 , which is under good condition, and gives full playing in economy and society. First, because all field can be irrigated in time, now, the only rice field is turned to be a crop of rotation of rice and wheat, whose production is twice than old one. Second, labor force liberated from field turns into rural factories, adds up farmer's incomes. It's reported that the village average income is above 1,000 Yuan (1 US dollar = 8.77 Yuan) . Finally, water wasting is reduced greatly and irrigation benefit is improved. Irrigation cost is cut from 120 Yuan/ha to 60 Yuan/ha, which reduce farmer's burden.

Irrigation service corporation consists of 9 members: one manager, one accountant, one cashier and six electrician. Led by village committee, irrigation service corporation implement independent accounting, assumes sole responsibility for its profits or loses in managing all well pump, field projects and electricity utilization. When irrigation season comes, corporation hires responsible and technical farmers as their "works", pays them wage according to their day's work account and rewards then by facilities maintenance and irrigation quality. System of personal responsibility is practiced in corporation and 50 well are managed by six electricians representatively, whose wages and rewards are relation with their management and work. Rigorous and prefect rules and regulation are laid down, such as well operation and working rules, safe production rules, regular maintenance rules and water cost collecting measures etc. Technological record have been founded for every well pump, checking before well running, monitoring in well running and ascertaining the accident of well, fixing breakdown etc. are in record. The principle of collecting water cost is mainly servicing for farmers. Water cost is defined on the base of energy consuming, facilities maintenance manager's wage and small profit. Renewal of well pump and electrical wire planned by corporation and discussed by the village committee, is paid off by village collective accumulation, which don't increase the burden of corporation and farmer. Good management gives a good result: intact rate of equipment and installations add up to 95 percent and water cost is cut down 60 percent than neighbor village. Field quota is only 675m^3/ha, which is less 40 percent than neighbor village. Especially, farmer don't care for irrigation any longer, worker in rural factories need not ask a leave for irrigation. The whole village takes a new look. Because irrigation service corporation bring important play in agriculture, the village committee have decided that 140ha rice field will be turned into special rices, half of 267ha field turned into shed vegetable, which will be practiced in 1994. On that day, the whole village total output will be up to 1.5 − 2.0 compared with existing output. An objective of comparatively well off will be realized in advance.

In sum, led by village committee, irrigation service corporation founded by farmer has given an important play in local agriculture: liberation labor force, saving water resources, reducing farmer's burden and improving crops production. The management organization is worth for us spreading in the well irrigation area.

第三篇　节水灌溉理论与技术研究

农业节水区划中模糊聚类分析与应用*

[摘　要]　农业节水区划是农业水资源高效利用规划和实施的重要依据。根据宁波市自然与社会情况,选取地貌形态、土壤类型、农业结构、缺水程度等指标组成农业节水分区指标体系,并建立相应评判标准,专家评议确定各项指标权重,采用模糊聚类方法,将宁波市划分为5大类型区,针对各类型区特点提出相应的农业节水措施,用于指导农业灌溉和生产。

[关键词]　节水区划;指标体系;权重;模糊聚类

农业节水区划综合考虑自然、经济、技术条件等各方面因素,制定出不同地区农业节水发展的模式和方向,减少发展农业节水的盲目性,对农业节水发展起着指导性作用,因此农业节水区划是一个地区发展农业节水不可缺少的前期规划工作。

农业节水区划是在农业生产和水资源利用现状基地上,研究农业水资源利用规律,综合考虑影响农业水资源利用的各种因素,对农业生产划分不同的类型区,提出各类型区的高效利用农业水资源的措施、方向和战略布局,为制定农业节水规划提供依据。农业节水区划既与农业区划、水利区划有密切联系,又有自身特点。农业节水区划不仅要与整个水利建设发展方向一致,更要反映农业节水的要求。农业节水区划直接服务于农业生产,对农业节水发展起着重要的指导作用。我国幅员辽阔,由于自然条件和经济技术条件等因素,各地农业节水发展极不平衡,农业节水区划的编制将具有现实而重大的意义。

农业节水区划分区方法很多,有经验法、指标法、重叠法、聚类法等。模糊聚类法有较严格的理论基础和计算方法,能够揭示因素间的内在本质差别和联系,消除了定性分析的主观性和任意性。当资料获取较充分时,分析结果可靠、准确,能反映客观实情。以宁波市为例,采用模糊聚类法进行农业节水区划分区。

1　模糊聚类原理与模型

模糊聚类法采用数学统计方法进行分区,其基本原理是首先计算各个基本单元的相似性测度,合并测度最小的单元为一类,同时计算本类与其他单元的距离,保证测度的最小性,根据距离和相似系数进行归类。

1.1　建立指标分等评分表

根据农业节水区划指标体系,对基本单元的各项指标分等级进行评分。同时给各项指标在农业节水分区中的重要性赋权,得出节水分区的基本资料。

$$x_{ij} = w_j \cdot a_{ij} \quad \begin{pmatrix} i = 1,2,\cdots,n \\ j = 1,2,\cdots,m \end{pmatrix} \tag{1}$$

* 本文刊登于《灌溉排水学报》2003年第22卷第5期。署名杨路华,王文元,韩振中,杨军。执笔杨路华。本文是《宁波市农业节水区划与农业节水模式》项目的一部分。该项目由中国灌溉排水发展中心农村水利研究所承担,王文元、杨路华负责其中“水资源开发利用状况与供需分析”、“农业节水区划”、“农业节水技术模式”等主要章节的编写工作。

式中：a_{ij}表示基本单元的综合评分；x_{ij}表示考虑指标影响权重后的评分值；w_j 表示指标权重；n 表示农业节水分区评价指标个数；m 表示单元个数。

1.2 原始矩阵构成

以基本单元称为样本，分区评价指标称为特性指标，一个样本为一行，所有单元构成模糊聚类的原始矩阵 A。

$$A = \begin{bmatrix} x_{11} & x_{12} & \cdots & x_{1m} \\ x_{21} & x_{22} & \cdots & x_{2m} \\ \vdots & \vdots & \vdots & \vdots \\ x_{n1} & x_{n2} & \cdots & x_{nm} \end{bmatrix} \tag{2}$$

1.3 数据标准化变换

由于样本的特征指标一般都有不同的量纲，并且有不同的数量级单位，数据进行标准化变换处理。

$$x'_{ij} = \frac{x_{ij} - \overline{x}_j}{S_j} \quad \begin{pmatrix} i = 1,2,\cdots,n \\ j = 1,2,\cdots,m \end{pmatrix} \tag{3}$$

$$\overline{x}_j = \frac{1}{n}\sum_{i=1}^{n} x_{ij} \tag{4}$$

$$S_j = \left[\frac{1}{n-1}\sum_{i=1}^{n}(x_{ij} - \overline{x}_j)^2\right]^{1/2} \quad (j = 1,2,\cdots,m) \tag{5}$$

式中：$\overline{x}_j$ 表示第j 个指标的均值；S_j 表示第j 个指标的均方差；x'_{ij}表示标准化变换后的数值；其他符号含义参前。

1.4 模糊相似矩阵

通过计算样本间的欧氏距离，建立相似关系，形成样本间的相似矩阵，并计算相似系数。

$$\widetilde{R} = \begin{bmatrix} \gamma_{11} & \gamma_{12} & \cdots & \gamma_{1m} \\ \gamma_{21} & \gamma_{22} & \cdots & \gamma_{2m} \\ \vdots & \vdots & \vdots & \vdots \\ \gamma_{n1} & \gamma_{n2} & \cdots & \gamma_{nm} \end{bmatrix} \tag{6}$$

$$\gamma_{ij} = \frac{\sum_{K=1}^{n}(x_{K_i} - \overline{x}_i)\cdot(x_{K_j} - \overline{x}_j)}{\left\{\left[\sum_{K=1}^{n}(x_{K_i} - \overline{x}_i)^2\right]\left[\sum_{K=1}^{n}(x_{K_j} - \overline{x}_j)^2\right]\right\}^{1/2}} \tag{7}$$

式中：γ_{ij}表示向量 x_i 与 x_j 之间的相关系数；当 $i=j$ 时，表示指标的自相关系数，$\gamma_{ij}=1$；当 $i\neq j$ 时，相关系数 γ_{ij}的取值在 0～1 之间。

1.5 褶积聚类

采用 SOKAL 和 MICHENE 类平均法(平均联结法)进行褶积聚类。两类之间的距离定义为两类元素两两之间的平均平方距离：

$$D_{pq}^2 = \frac{1}{n_p \cdot n_q} \cdot \sum_{\substack{i\in G_p \\ j\in G_q}} d_{ij}^2 \tag{8}$$

$$D_{Kr}^2 = \frac{n_p}{n_r} D_{Kp}^2 + \frac{n_p}{n_q} D_{Kq}^2 \tag{9}$$

式中：D_{pq}^2表示第 p 与 q 类之间的距离；D_{Kr}^2表示任意 K 类与 p、q 类合并后的 r 类的距离（$n_r = n_p + n_q$）；n_p、n_q、n_r 分别表示第 p 与 q 类以及 p 与 q 类合并后的样本个数。

2　农业节水区划分区指标体系与权重

农业节水分区指标的设置必须满足全面性、概括性、易于取得等要求。分区指标从与农业节水密切相关的地形地貌、气候、土壤、农业结构、灌区类型、缺水程度等方面选取，一般选取 4～6 个指标。宁波地区气候相近，为典型的亚热带季风气候区，从降雨划分属湿润带，从径流划分属多水带；灌区类型主要为地上水，农业开采地下水很少。因此，气候特征、灌区类型不作为分区指标，而农业结构与土壤差异对农业节水措施有明显影响，所以，宁波市农业节水区划分区指标采用地貌形态、土壤类型、缺水程度和农业产业结构等 4 项指标组成节水灌溉分区的指标体系。这 4 项指标基本上概括了宁波农业节水的主要影响因素，以此为依据进行的农业节水区划，可以反映宁波市农业节水主要类型及特点，指导农业节水工作。

指标体系包括指标内容、类型、等级、评分、分类依据等。各指标等级可根据当地具体情况确定，例如地形地貌可分为平原区、平丘区、丘陵区、山丘区、山地区等，以等级容易量化为原则。指标与所分等级要适当，过多会使类型区难于成片，过少不能反映类型区的特点。指标分类依据应根据研究区域具体情况确定，宁波市指标体系见表 1。

表 1　宁波市农业节水区划指标体系

指标	类型	等级	评分	分类依据	备注
地貌形态	平原区	一	1	平原面积占 65%以上	海拔＜50m 为平原，50～500m 为丘陵，海拔＞500m 为山地
	平丘区	二	2	平原丘陵面积相近	
	丘陵区	三	3	丘陵面积占 65%以上	
	山地区	四	4	山地面积占 65%以上	
土壤类型	黄红壤区	一	1	黄壤与红壤总量占 65%以上	
	砂质土区	二	2	砂质土占 65%以上	
	水稻土区	三	3	水稻土占 65%以上	
	潮土区	四	4	潮土占 65%以上	
	滨海盐碱土区	五	5	滨海盐碱土占 65%以上	
缺水程度	严重缺水区	一	1	$\beta<1$	β 表示平均单位面积农业可用水资源量与综合灌溉定额的比值
	缺水区	二	2	$1\leqslant\beta\leqslant1.5$	
	微缺水区	三	3	$1.5<\beta\leqslant2$	
	不缺水区	四	4	$\beta>2$	

续表 1

指标	类型	等级	评分	分类依据	备注
农业结构	观光休闲农业区	一	1	城郊、海港区	
	蔬菜－棉油经济作物农业区	二	2	蔬菜、棉油等经济作物播种面积占农作物播种总面积的65%以上	
	河网水稻－蔬菜农业区	三	3	水稻、蔬菜播种面积占农作物播种总面积的65%以上	
	林特花卉农业区	四	4	林特、果树、花卉面积占土地面积的35%以上	
	港湾养殖、水果农业区	五	5	海淡水养殖、果树面积占土地面积的35%以上	

指标权重的确定很重要，应根据各项指标对农业节水分区的重要性，以及专家意见确定，使分区结果符合当地实际情况。本次采用问卷调查专家打分法，并考虑宁波市的特点，确定各项指标的权重，见表2。

表2　各项指标的权重

指标	地貌形态	土壤类型	缺水程度	农业结构
权重	0.2	0.15	0.15	0.5

3　结论

宁波市下设3市2县6区共139个乡镇，乡镇作为基本单元，进行模糊聚类分区。根据模糊聚类谱系结果和置信水平，将宁波市农业节水区划分成5个区。根据各区基本单元共有属性，由分区指标综合分析每区所代表的类型，并按中国区划命名原则进行命名。分区命名由地理位置、地形地貌、缺水程度、种植类型、节水措施等5个方面组成。并计算各区的综合指标，综合指标反映了该区各个乡镇的共有特征，详见表3。

根据分类结果，宁波市农业节水分为5个类型区。针对每区特点，特别是农业种植和水资源情况，确定适合该区的农业节水措施和发展方向。宁波市区市郊工业发达，农业以设施农业、观光农业为主，工业与生活用水量大，分配给农业的用水不足，应重点发展微灌节水技术；宁波北部平原经济作物区，相对全市降水量最少，水资源不足，重点发展喷灌和微喷灌技术；中部河网区，地势低洼，稻作区适宜发展管道灌溉，蔬菜地则以微喷灌为主；宁波南部山丘林特区适宜发展喷灌，果树区还可适当发展滴灌和微喷灌。

由表3可以看出，作物结构是影响分区的主导因素，这是因为作物结构对农业节水有重要影响，故分区时赋予作物结构较大的指标权重，土壤、水资源与地形地貌相互有一定关联，权重差距相对较小。模糊聚类分区结果较好地反映了宁波市农业节水现状与未来发展方向，与宁波市土地利用规划、农业发展规划、水利区划等相吻合，可作为农业节水规划的依据。

表 3　模糊聚类法分区结果及综合指标

分区	分区名称	分区位置	综合指标			
			地形	土壤	缺水程度	作物结构
Ⅰ	宁东北平原缺水观光休闲农业微灌区	宁波市所辖镇海、江东、江北、海曙、北仑各区 29 个乡镇	1.24	2.38	2.14	1.00
Ⅱ	宁北平原缺水蔬菜、棉油喷灌—微灌区	分布在慈溪大部、余姚北部、象山南部共 25 个乡镇	1.04	3.30	1.68	2.00
Ⅲ	宁中平原河网微缺水水稻、蔬菜管灌—微灌区	鄞州区大部、余姚东半部、慈溪南部、奉化北部共 26 个乡镇	1.46	2.62	3.23	3.00
Ⅳ	宁西南山地丘陵林特花卉喷灌区	鄞州区南部、余姚西南部、奉化西部、宁海西部、象山北部共 31 个乡镇	2.39	1.39	3.58	4.00
Ⅴ	宁南港湾微缺水养殖、水果综合农业喷灌区	象山湾、三门湾、杭州湾、东南沿海共 28 个乡镇	1.54	1.93	3.18	5.00

注:表中综合指标栏目中的数字为指标评分的平均值。

参考文献

[1]罗积玉,邢瑛．经济统计分析方法及预测[M]．北京:清华大学出版社,1987
[2]韩正忠,方宁生．模糊数学应用[M]．南京:东南大学出版社,1993
[3]水利部农村水利司．水土资源评价与节水灌溉规划[M]．北京:中国水利水电出版社,1998
[4]马军,邵陆．模糊聚类计算的最佳算法[J]．软件学报,2001(4)
[5]徐恒力．水资源开发与保护[M]．北京:地质出版社,2001
[6]杨路华,宗金辉．关于农业用水转化的认识[J]．农村水利水电,2003(3)
[7]Mark J. Embrechts. Visual explorations in clustering and date mining. Bioinformatics workshop. Rensselaer, Troy, NY. 2002,7
[8] Katherine J. Elliott, James M. Vose, Wayne T. Swank. Long-term patterns in vegetation-site relationships in a southern appalachian forest. Journal of the Torrey Botanical society, 126(4), 1999
[9]Sylvie Le Hegarat-Mascle, Mehrez Zribi, F. Alem, et al. Soil moisture estimation from ERS/SAR data: toward an operational methodology. IEEE transactions on geoscience and remote sensing, Vol. 40, No. 12, Dec. 2002

科学调控土壤水提高作物水分利用效率*

[摘　要] 科学调控土壤水提高作物水分利用效率(*WUE*),是节水农业的一个重要环节,我国目前较低,具有较大节水潜力。本文在讨论土壤水、作物水分利用效率内涵的基础上,以田间试验资料为依据,阐述了通过调控土壤水提高 *WUE* 的途径和应推广的现代灌溉技术,如储水灌溉、非充分灌溉、调亏灌溉、交替灌溉与精细灌溉等。

[关键词] 土壤水调控;作物水分利用效率;现代灌溉技术

21 世纪人类面临人口、资源与环境三大问题的严重挑战。中国是世界人口第一大国,人口压力不言而喻。由于人口多,经济基础薄弱,在发展过程中,资源短缺、环境恶化的矛盾日渐突出。素有全国第一粮棉生产基地的华北地区,以连年超采地下水致使地面下沉、海水入侵、土地沙化的代价,换取粮食的"连年丰收";过度开发和利用资源导致今年北京地区遭受 15 次沙尘暴的袭击。这些就是经济发展与资源、环境矛盾加剧的典型例证。应该总结经验,引以为鉴,走经济、资源、环境相互协调的可持续发展之路。

目前,我国农业水资源的利用还处于一个较低的水平。以灌溉事业比较发达的河北省为例,地上水灌区的灌溉水利用率仅为 40% 左右,作物水分利用效率约为 1.0kg/m^3;井灌区灌溉水利用率 75% 左右,作物水分利用效率约为 1.3kg/m^3,二者平均约为 1.2kg/m^3,相当于以色列水分利用效率的 1/2。因此,提高作物水分利用效率应是实现节水高效农业的当务之急。

1　土壤水内涵

从广义上讲,赋存于土壤中的水分都属于土壤水,但为了与地下水相区分,一般将存在于地面以下的饱和土壤水称为地下水,将存在于地面以下地下水面(潜水面)以上的非饱和土壤水称为土壤水(张蔚榛,1996)。当地下水埋藏较浅,上升毛管水可达植物根系分布层或存在潜水蒸发时,上述土壤水的内涵是毫无疑义的;当华北地区,特别是河北平原浅层地下水已降至地面以下 20m,甚至更深,此时土壤水内涵应怎样界定,特别是当对土壤水资源进行评价时怎样界定,值得研究。笔者认为,不同的研究范畴,可以有不同的土壤水内涵。当研究大气水、地表水、地下水、土壤水四水转化规律时,可将非饱和土壤水均视为土壤水;当研究土壤－植物－大气系统(SPAC)水分传输时,可只将与植物有关的土壤水作为研究对象。由懋正认为,就大多数农作物来讲,取 2m 土层作为根系层的平均深度是适宜的,根系层以下的土壤水较少参与水分循环,只有静储量,而少有更新,进行水土资源评价时可不予考虑。本文所讨论的土壤水调控问题,亦只将土壤水界定在与作物根

* 本文收入《农业高效用水与水土环境保护》论文集,陕西科学出版社出版,2000 年,论文署名王文元,杨路华;执笔王文元。本文是提交《中国农业工程学会农业水土工程专业委员会首届学术研讨会》的论文。

系吸水有关的深度内。

2　作物水分利用效率内涵

作物水分利用效率亦称水分生产效率或水分生产率。在我国1998年5月颁布的《节水灌溉技术规范》中,将水分生产率(I)定义为:单位面积作物产量(Y)与单位面积作物生育期内平均净灌水量(m)、有效降水量(P)及地下水补给量(d)之和的比值,即:

$$I = \frac{Y}{m + P + d} \tag{1}$$

显然,式(1)忽略了土壤供水量(ΔW)。对于冬小麦而言,播前根系层储存了雨季的降水,储水量较大,此水量可在耗水高峰期被作物利用,因而收获时土壤储水量变小,此差值(ΔW)即为土壤供水量。试验表明,灌水量越小土壤水利用量越大,一般不宜忽略。

康绍忠(1994年)把水分生产效率(WUE)定义为:作物单位面积产量(Y)与作物蒸腾量(T)或蒸腾蒸发量(ET)的比值,即:

$$WUE = \frac{Y}{ET} \tag{2}$$

$$ET = (I + P + G) - (F_d + R) + \Delta W_s \tag{3}$$

式中　I——灌溉水量;

P——降水量;

G——地下水补给量;

F_d——深层渗漏量;

R——径流量;

ΔW_s——土壤水蓄变量,即播前土壤储水量减去收获时土壤储水量。

公式(3)还可表达为

$$ET = (I + P + G + \Delta W_s) - (F_d + R)$$

$$\Delta W_s = W_{播前} - W_{收获}$$

唐登银(2000年)在"农业节水的科学基础"一文中,引用王天铎论文将作物水分利用效率分为3个层次,即:

(1)叶片水平水分利用效率(WUE_l):叶片的净光合作用速率(光合作用速率(P_l)与呼吸速率(R_l)的差值)与相应的蒸腾耗水速率(T_l)的比值,即:

$$WUE_l = \frac{P_l - R_l}{T_l} \tag{4}$$

(2)群体水平水分利用效率(WUE_c):作物冠层的净光合作用速率($P_c - R$)与相应的蒸腾(T)加地表蒸发(E)之和的比值,即:

$$WUE_c = \frac{P_c - R}{T + E} \tag{5}$$

(3)产量水平的水分利用效率(WUE_P):作物产量(Y)与相应蒸腾量(T)、地表蒸发量(E)之和的比值,即

$$WUE_P = \frac{Y}{T + E} \tag{6}$$

显然，公式(6)与公式(2)的内涵是一致的。本文所及作物水分利用效率内涵与公式(2)、(6)表达一致，即作物水分利用(生产)效率(WUE)是指：作物产量(Y)与作物腾发量(蒸腾蒸发量)(ET)的比值，或作物产量与净灌水量(m)、有效降水量(P_0)、地下水补给量(G)与土壤水利用量(ΔW)之和的比值，即

$$WUE = \frac{Y}{ET} \tag{7}$$

$$ET = m + P_0 + G + \Delta W \tag{8}$$

$$\Delta W = W_{播前} - W_{收获}$$

3 调控土壤水对提高作物水分利用效率的意义

由公式(7)、(8)可知，若想提高作物水分利用效率(WUE)，有以下4种途径：①在腾发量ET不增加的条件下提高作物产量；②在产量不降低的条件下，减少作物腾发量；③增加腾发量同时提高产量，使产量增幅大于腾发量增幅；④减少腾发量同时产量有所下降，使产量降幅小于腾发量降幅。

众所周知，大气降水、灌溉水和地下水均需转化为根系层土壤水才能被作物有效利用。因此，提高WUE的4种途径都可通过科学调控土壤水得以实现。这已被大量田间试验和机理分析所证实。

表1为河北省景县冬小麦田间试验资料。试验表明，只要科学调控土壤水分状况，合理安排灌溉时间、灌水量，WUE就可提高。1992～1993年(干旱年)4水与3水处理的试验结果表明，减少灌溉供水量，耗水量亦随之减少，但产量未受到明显影响，WUE由1.08kg/m^{3}提高到1.27kg/m^3(第2种途径)；1994～1995年(平水年)3水与2水处理的试验结果表明，减少灌溉供水量，提高土壤水供水量，使耗水量下降，产量亦有所下降，但产量降幅小于耗水量降幅，WUE由1.38kg/m^{3}提高到1.50kg/m^3(第4种途径)。这对资源严重短缺的地区有重要意义，不但提高WUE，而且降低了灌溉成本，增加了经济效益。

表1 景县冬小麦田间试验资料

年份	处理	降雨量(mm)	灌水量(mm)	土壤水利用量(mm)	耗水量(mm)	产量(kg/hm^2)	WUE(kg/m^3)
1992～1993	2水	59.7	150.0	109.7	313.4	3 492.0	1.11
	3水	59.7	217.5	86.1	357.3	4 552.5	1.27
	4水	59.7	277.5	87.5	418.7	4 540.5	1.08
1994～1995	2水	97.0	135.0	100.0	322.4	4 822.5	1.50
	3水	97.0	202.5	88.1	378.0	5 220.0	1.38
	4水	97.0	262.5	71.7	421.6	5 272.5	1.25

表2为1992～1993年中科院栾城生态农业试验站冬小麦田间灌溉试验资料。由该年2水、3水处理试验结果可知，只要把握好灌溉时机，科学调控土壤水分，虽然2水处理

供水量比 3 水(返青、拔节、灌浆)处理大幅减少(减少了 67.6mm),仍使 *WUE* 提高(第 4 种途径);另外,同是 3 水处理,越冬、返青、拔节的 3 水处理与返青、拔节、灌浆的 3 水处理相比,灌水量减少了 29.3mm,产量却增加了 283kg/hm^2, *WUE* 由 1.40kg/m^3 提高到 1.61kg/m^3(第 2 种途径)。

表 2　栾城试验站冬小麦田间试验资料

年份	处理	降雨量(mm)	灌水量(mm)	土壤水利用量(mm)	耗水量(mm)	产量(kg/hm^2)	*WUE*(kg/m^3)
1992～1993	返青 1 水	65.5	65.8	134.8	266.1	3 636	1.37
	冬前、拔节 2 水	65.5	100.9	114.2	280.6	4 002	1.43
	返青、拔节、灌浆 3 水	65.5	168.3	107.6	341.6	4 782	1.40
	越冬、返青、拔节 3 水	65.5	139.2	110.8	315.5	5 065	1.61

4　科学调控土壤水提高 *WUE* 的措施

所谓科学调控土壤水是相对于凭经验灌水的传统模式而言的,调控土壤水不能仅仅确定一个含水率下限,而应将土壤水视为 SPAC 系统的水分供应源,以灌溉水(大气水)—土壤水—作物水—光合作用—经济产量的转化效率,以水、肥、气、热—作物产量的耦合关系,调控土壤水的时空分布,实现取得预期产量、提高 *WUE* 的目的。

调控土壤水提高 *WUE* 的措施很多,限于篇幅,仅介绍其中一部分,实践中可因地制宜,举一反三。

4.1　储水灌溉

储水灌溉在华北地区冬小麦产区普遍采用。由于水资源严重短缺,特别是春季农业用水量大,而水库可供水量减少,地下水位下降,是供需矛盾最突出的时期。在这个期间减少灌溉量增加土壤水利用量具有重要意义,储水灌溉正是为了解决这个问题。笔者在河北省景县、中国农大在河北省吴桥的试验充分证明,提高土壤水利用量、减少灌溉供水量而仍保持较高产量是可以实现的。根据景县 1994～1995 年冬小麦田间试验,在播前(雨季)降水和适度储水灌溉的情况下,0～2m 土层底墒充足。其不灌水处理,0～2m 土层土壤水利用量 193mm(其中 1～2m 土层利用量 60.6mm),加上生育期降雨,耗水量为 290.1mm,产量 4 477.5kg/hm^2, *WUE* 为 1.54kg/m^3;冬后灌 2 水处理,0～2m 土层利用量 138.8mm(其中 1～2m 土层利用量 48.5mm),耗水量 370.9mm,产量 5 320.6kg/hm^2, *WUE* 为 1.43kg/m^3。该例说明,应重视土壤储水量的有效利用,并非提倡不灌水,不能只强调提高 *WUE* 而忽视粮食产量指标,产量与 *WUE* 应该协调提高。

4.2　非充分灌溉

在水资源严重短缺的条件下,很难做到也没有必要追求获得作物最高产量的充分灌溉。非充分灌溉是追求灌溉水量投入的最大经济效益而非最高单产。大量试验资料表明,作物不同生育阶段发生水分胁迫,对产量的影响是不一样的,作物生产函数就反映了这个规律。一般的规律是,若水分亏缺发生在作物生长过程的某个需水"临界期",有可能导致作物严重减产,而发生在其他阶段,对产量的影响相对较小。对于有扬花期的作物,最普遍的临界期是开花授粉时期,因为花粉的生产量及活力都会因此时水分亏缺而严重下降(陈亚新,1999)。因此,在土壤水分的调控上,如果灌溉水量不足,首先应该保证这一时期有足够的水分供应,而其他阶段则可以出现不同程度的水分亏缺。表 3 列出了河北省平原冬小麦对水分亏缺的敏感指数(Jensen 模型),可供参考。

表 3 冬小麦各生育阶段敏感指数

地区	生育阶段					
	1	2	3	4	5	6
	播种～	封冻～	拔节～	孕穗～	抽穗～	灌浆～ 成熟
河北省藁城	0.172 1	0.041 1	0.059 1	0.169 4	0.310 8	0.189 5
河北省望都	0.054 2	0.007 0	0.062 8	0.273 3	0.477 9	0.040 4

注:Jensen 模型其敏感指数越大,对亏水越敏感,对产量影响越大。

4.3 调亏灌溉

调亏灌溉是国际上 20 世纪 70 年代中期在传统灌溉原理与方法的基础上,提出的一种新的灌溉模式。其基本概念不同于传统的丰水高产灌溉也有别于非充分灌溉。非充分灌溉放弃单产最高,追求地区总体增产;调亏灌溉则舍弃生物产量总量追求经济产量(籽粒或是果实)最高(孟兆江,1999)。调亏灌溉根据作物遗传及生态生理特性,在生育期某阶段,人为地施加一定程度的水分胁迫,控制营养生长,促进生殖生长,调控地上、地下生长动态,达到节水、高效、高产、优质的目的。我国玉米栽培中的"蹲苗",控制土壤水分,促根发育就是这个道理。试验表明,水分亏缺对作物各生理过程影响不同,先后顺序为:生长—蒸腾—光合—运输。因此,应避免营养生长盛期和授粉受精期遭受严重水分亏缺,而苗期和生长后期则可忍受相当程度的干旱而不致严重减产(刘昌明,1996)。调亏灌溉的技术关键是把握调亏生育期、调亏度和调亏历时。

4.4 交替隔沟灌溉

交替隔沟灌溉是对传统沟灌的一种改进。康绍忠、张建华等 1997 年根据作物光合作用、蒸腾失水与叶片气孔开度的关系,以及干旱条件下根系信号传递与其对气孔调节的机理,提出了作物根系分区交替灌溉技术,交替隔沟灌溉是其中之一(潘英华,1999)。隔沟交替灌溉使作物根系始终有一部分生长在干燥或较干燥的土壤区域,限制这部分根系吸水,使其产生水分胁迫信号并传递至叶片气孔,调节气孔开度,减少蒸腾耗水。在光合产物不减的前提下,减少蒸腾耗水,从而提高 *WUE*。

4.5 精细灌溉

精细灌溉是精细农业(精确农业、精准农业)的一部分,是信息和人工智能高新技术在农田水肥管理中的应用。信息采集系统迅速将农田网点上土壤水分、养分及作物生长信息输入人工智能系统,作出抉择,对不同网点代表的区域进行精细的水肥调控,从而提高水肥利用效率。精细灌溉目前还处于研究阶段,发达国家已应用于示范工程,相信 21 世纪将得到广泛应用。

参 考 文 献

[1]刘昌明,王会肖,等.土壤—作物—大气界面水分过程与节水调控.北京:科学出版社,1999

[2]康绍忠,刘晓明,熊运章,等.土壤—植物—大气连续体水分传输理论及其应用.北京:水利水电出版社,1994

[3]张蔚榛.地下水与土壤水动力学.北京:水利水电出版社,1996

[4]唐登银,罗毅,于强.农业节水的科学基础.灌溉排水,2000,19(2)

[5]孟兆江,王和洲,庞鸿宾,等.农业用水高效持续的几项关键技术.灌溉排水,1999(增刊)

[6]潘英华,康绍忠.交替隔沟灌溉水分入渗特性.灌溉排水,2000,19(1)

[7]陈亚新,史海滨,魏占民.高效节水灌溉的理论基础和研究进展.灌溉排水,1999(增刊)

[8]王文元.井灌区水资源优化调度及节水增产效果研究技术报告.河北农业大学,1996

在田间试验区钻孔探测土壤剖面(张北县,1995)

滴头绕树布置时土壤湿润比计算公式的探讨*

滴灌土壤湿润比是决定每株果树应配置的滴头数目，确定滴灌系统灌溉制度以及系统设计流量的重要参数。合理确定土壤湿润比会收到既节约灌溉用水又提高果品产量和质量的效果。否则，湿润比确定过大，会使配置的滴头数过多，导致灌溉用水的浪费并增加工程造价；湿润比确定过小，使配置的滴头数不够，导致供水不足使果树减产。因此，土壤湿润比的正确计算与确定有着十分重要的现实意义。本文将重点讨论滴头环状绕树布置情况下，土壤湿润比的计算问题，在分析现行常用公式的基础上，提出一个新的计算公式，供滴灌工程设计者参考使用。

1　目前常用的计算公式

滴头环状绕树布置时，常用以下公式计算土壤湿润比[1]：

$$P = \frac{nS_eS_w}{S_tS_r} \times 100\% \tag{1}$$

式中　P——滴灌土壤湿润比，%；

n——每株果树配置的滴头数目；

S_e——滴头间距，m；

S_w——湿润带宽度，m；

S_t——果树株距，m；

S_r——果树行距，m。

据文献[1]、[2]介绍，公式(1)中的滴头间距 S_e，往往并非实际布置时的两个滴头之间的距离，而应从 Keller 和 Kermeli1974 年编制的土壤湿润比 P 值表中查取推荐间距 S_e。例如，当滴头流量 $q=4$L/h，土壤结构中等时，可查得推荐的滴头间距 $S_e=1.0$m。公式中湿润带宽度 S_w，也要借助于该表确定，即根据已知的滴头流量 q 推荐的滴头间距 S_e，在表中查 $P=100\%$ 对应的毛管间距即为 S_w。由此可知，只要滴头流量和土壤条件给定，滴头推荐间距 S_e 和湿润带宽度 S_w 就是个定值，而与每株数布置的滴头数 n 无关。

【例题 1】　某果园果树株行距均为 6m，拟使用流量 $q=4$L/h，果园土壤结构中等，试分别计算每株树布置 6 个滴头或 12 个滴头时的土壤湿润比各为多少？

解：当滴头 $q=4$L/h，土壤结构中等，查文献[1]P 值表，得到推荐的滴头间距为 1.0m，同时查得湿润带宽度为 1.2m

当滴头数 $n=6$ 时，通过公式(1)算得土壤湿润比

$$P = \frac{nS_eS_w}{S_tS_r} \times 100\% = \frac{6 \times 1 \times 1.2}{6 \times 6} \times 100\% = 20\%$$

---

* 本文刊登于《灌溉排水》1990 年第 9 卷第 3 期。署名王文元。曾在 1989 年全国微灌学术会议上宣讲。

当滴头数 $n=12$ 时，通过公式(1)算得土壤湿润比

$$P=\frac{nS_eS_w}{S_tS_r}\times 100\%=\frac{12\times 1\times 1.2}{6\times 6}\times 100\%=40\%$$

上述计算表明由于滴头数量增加一倍，土壤湿润比也增加了一倍，每个滴头湿润面积未变，这与实际情况是不相符的(见图1、图2)。实际上当一株树布置的滴头数较少时，各滴头的湿润范围不相重叠，则一个滴头湿润面积不随滴头数目的增加而变化(见图2)；当一株树的滴头数达到一定数量后，各滴头的湿润范围彼此相互重叠，且滴头数越多重叠部分越大，则一个滴头实际湿润面积越小(见图1)。因此，在滴头环状绕树布置时，利用公式(1)并借助文献[1]P 值表计算土壤湿润比有时(当滴头实际间距小于查表得到的推荐间距时)会出现较大误差。

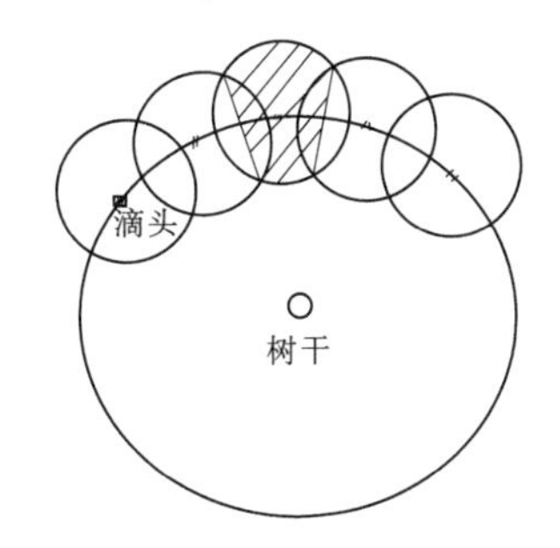

图1　各滴头湿润范围有重叠

(图中阴影部分为一个滴头有效湿润面积)

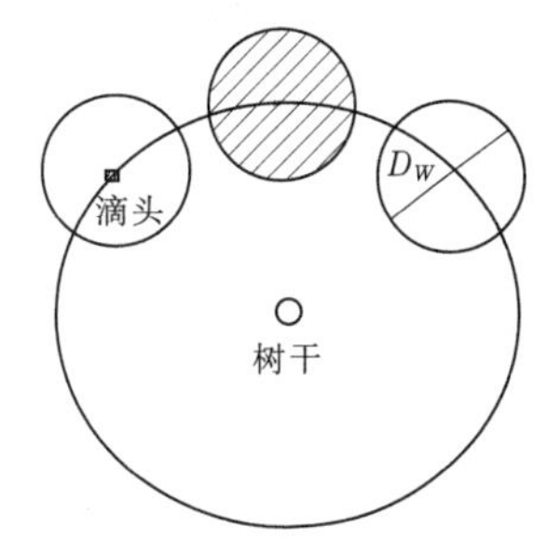

图2　各滴头湿润面积无重叠

2　建议采用的计算公式

鉴于公式(1)未能反映出滴头湿润范围重叠对湿润比的影响，我们建议采用下述湿润比计算公式：

$$P=\frac{0.785nKD_w^2}{S_tS_r}\times 100\% \tag{2}$$

式中　D_w——滴头有效湿润直径，m；

K——滴头湿润范围重叠程度修正系数；

其余符号意义同前，0.785 系为 $\pi/4$。

当滴头有效湿润范围不重叠，即滴头实际布置间距 S'_e 大于或等于滴头有效湿润直径 D_w 时，$K=1$，此时

$$P=\frac{0.785nD_w^2}{S_tS_r}\times 100\% \tag{3}$$

式中 $0.785D_w^2$ 系一个滴头的有效湿润面积，在滴头流量、滴灌时间和滴灌土壤不变时，是个定值，不随滴头数目 n 的增减而变化。

当滴头有效湿润范围有重叠，即 $S'_e<D_w$ 时，每个滴头的有效湿润面积将变小(见图1)，等于 $K\times 0.785D_w^2$，此时 $K<1$。重叠部分越大，K 值越小，每个滴头的有效湿润面积将随滴头数目 n 的增加而减小。

修正系数 K 根据滴头实际布置间距 S'_e(指相邻两滴头的直线距离)与滴头有效湿润直径 D_w 的关系确定。

当　$S'_e \geqslant D_w$ 时,$K=1$;

$S'_e = \frac{1}{2}D_W$ 时,$K=0.609$;

$S'_e=(1/2\sim1.0)D_w$ 时,$K=0.609\sim1.0$

K 值可通过下式计算

$$K = 1 - \left[\frac{\arccos A}{90} - \frac{2A(1-A^2)^{0.5}}{\pi}\right] \tag{4}$$

式中　$A=S'_e/D_w$

不同 A 值对应的 K 值可由图 3 的曲线或表 1 的数据查得。

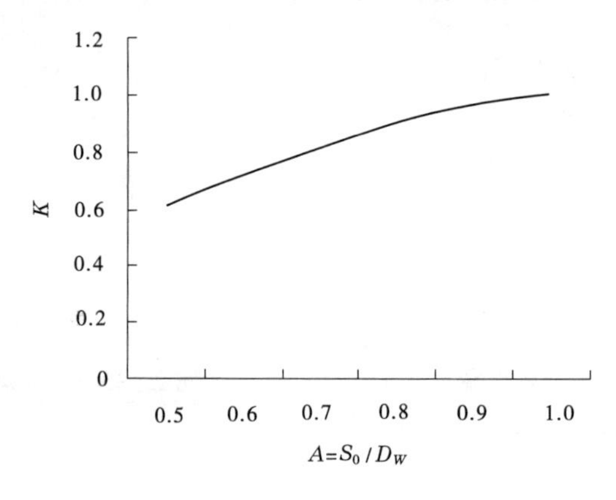

图 3　K 值曲线

【例题 2】　果树株行距均为 6m,滴头流量 $q=4$L/h,土壤结构中等,滴头有效湿润直径 $D_w=1.3$m,试计算每株树配置 12 个滴头或 6 个滴头时的土壤湿润比。

解:(1)每树配置 12 个滴头。使滴头均匀分布在以树冠投影半径(取为 3m)的 2/3 为半径($r=2$m)的圆周上,相邻滴头的圆心角为 30°,可算得相邻滴头间距的距离 $S'_e=1.04$m。因此 $A=S'_e/D_w=1.04/1.3=0.8$,查表 1 得到 $K=0.896$,则

$$P = \frac{0.785nKD_w^2}{S_tS_r} \times 100\% = \frac{0.785 \times 12 \times 0.896 \times 1.3^2}{6 \times 6} \times 100\% = 39.6\%$$

表 1　K 值表

$A=S'_e/D_w$	0.00	0.01	0.02	0.03	0.04	0.05	0.06	0.07	0.08	0.09
1.0	1.0	1.0	1.0	1.0	1.0	1.0	1.0	1.0	1.0	1.0
0.9	0.963	0.968	0.973	0.978	0.983	0.987	0.990	0.994	0.997	0.999
0.8	0.896	0.903	0.911	0.918	0.925	0.932	0.938	0.945	0.951	0.957
0.7	0.812	0.821	0.830	0.839	0.847	0.856	0.864	0.872	0.880	0.888
0.6	0.715	0.725	0.735	0.745	0.755	0.765	0.775	0.784	0.793	0.803
0.5	0.609	0.620	0.631	0.642	0.652	0.663	0.674	0.684	0.695	0.705

(2)每树配置 6 个滴头。当每树配置 6 个滴头时,可算得滴头间距 $S'_e=2.0$m。因

$S'_e > D_w$，所以 $K=1.0$，则

$$P = \frac{0.785 \times 6 \times 1.0 \times 1.3^2}{6 \times 6} \times 100\% = 22.1\%$$

该例题计算结果与用公式(1)计算结果相比可以看出：当每树配置 12 个滴头时，因 $S'_e < D_w$，各滴头湿润范围相互重叠，并且滴头实际布置间距（$S'_e = 1.04$m）与文献[1] P 值表推荐间距（$S'_e = 1.0$m）相近时，公式(2)与公式(1)计算的土壤湿润比相近（公式(1)算得 $P=40\%$，公式(2)算得 $=39.6\%$）；当每树配置 6 个滴头时，因 $S'_e > D_w$，各滴头湿润范围无重叠，用公式(1)计算的土壤湿润比偏小 9.5%（公式(1)算得 $P=20\%$，公式(2)算得 $P=22.1\%$）。

公式(2)计算的精度取决于 D_w 值是否准确。D_w 值与滴头流量、滴灌时间和土壤结构有关，应通过当地试验合理确定（参见文献[3]）。在缺乏资料时，可利用有关文献的经验公式或图表（参见文献[2]）估算，也可用文献[1]的 P 值表估算（根据已知资料查 P 值表，得到 S_w，使 $D_w = 1.05 \sim 1.10 S_w$）。

参 考 文 献

[1]付琳，等．微灌工程技术指南．北京：水利电力出版社，1987
[2]联合国教科文组织发行．局部灌溉．1980
[3]付琳．滴灌时的土壤浸润状况．灌溉排水，1983(3)

关于调压管水力计算公式的探讨*

[摘　要] 调压管的配置是否合理,影响着滴灌系统的灌水均匀度和工程造价,本文根据室内测试的大量数据,分析归纳成运用于两种不同情况下的调压管水力学计算公式,作为对现行计算公式的补充,供广大滴灌设计者参考使用。

[关键词] 滴灌;调压管;水力计算

为了提高滴灌系统的灌水均度,增加毛管控制长度,降低工程造价,我国不少地区在毛管进口处设置一段小管径的调压管(亦称水阻管),以调压管接头的局部水头损失和调压管的沿程水头损失来消除毛管进口处多余的水头压力。目前,调压管的内径为 4mm,调压管的接头为一个 $\phi10\times4$mm 的变径接头,其连接方式如图 1 所示。

图 1 的连接方式是:先将调压管连同接头一并塞入 $\phi10$ 毛管中,再将毛管与支管旁通连接。这种连接方式,再想取出调压管比较困难。工程实践中,为了现场调试,有时需将装好的调压管再取出来,根据消除多余水头压力的要求,缩短或加长 $\phi4$ 调压管的长度,因此有些工程采用图 2 的连接方式。这种连接方式,巧用一段(10cm 左右)$\phi12$ 连接管,将其一头套在 $\phi10$ 毛管上,另一头与支管旁通连接,这样可不必将调压管接头全部塞入 $\phi10$ 毛管中,比较容易安装和拆卸。

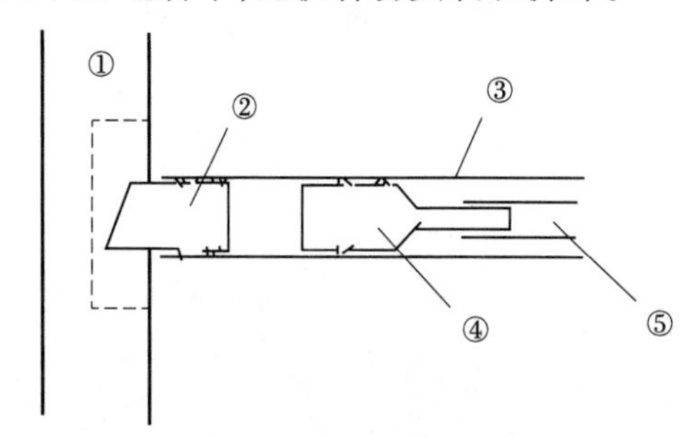

图 1　调压管安装示意图

①支管　②旁通　③$\phi10$ 毛管

④$\phi10\times4$ 调压管接头　⑤$\phi4$ 调压管

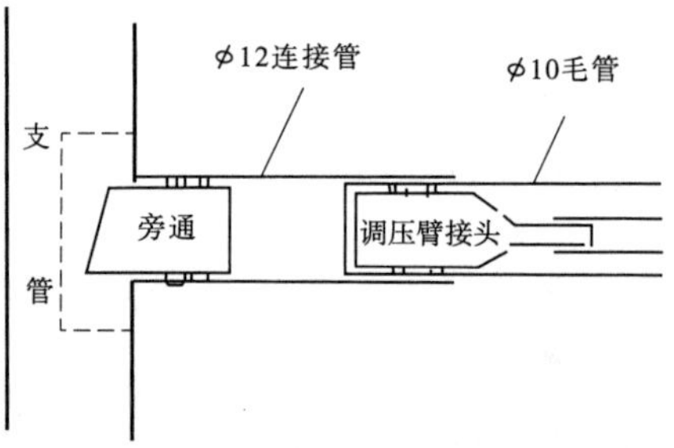

$\phi12$连接管　$\phi10$毛管

支管　旁通　调压臂接头

图 2　带 $\phi12$ 连接管的调压管

关于调压管在上述连接方式下的水力计算公式,一般采用水科院 1985 年提出的公式[1]和《微灌工程技术指南》提出的公式,其形式如下。

水科院公式:

$$L_T = \frac{\Delta h}{8.534\times10^{-4}Q^{1.71}} - 0.0485Q^{0.28}$$

---

* 本文刊登于《喷灌技术》1991 年第 3 期。署名王文元、王淑琴、韩会玲。执笔王文元。试验工作由王文元主持,王淑琴、韩会玲参加,徐振辞参与了部分试验。本文曾在 1990 年全国微灌学术会议上宣讲。

或
$$L_T = \frac{\Delta h - 4.14 \times 10^{-5}Q^2}{8.534 \times 10^{-4}Q^{1.71}} \tag{1}$$

《微灌工程技术指南》公式：
$$L_T = \frac{\Delta h - 4.13^* \times 10^{-5}Q^2}{8.45 \times 10^{-4}Q^{1.696}} \tag{2}$$

式中　L_T——ϕ4 调压管长度,m;

Δh——毛管进口处多余水头压力,m;

Q——毛管进口流量,L/h。

4.13*——《微灌工程技术指南》书中原为 1.34,经分析,可能有误,笔者改为 4.13。

上述公式在实际应用中,发现有些误差,为此,笔者利用本校农田水利试验厅的滴灌测试设备,进行了室内测定。测试毛管为 ϕ10 管(指内径,下同),调压管接头规格为 10×4mm,调压管为 ϕ4 管,均为工程常用的产品(沈阳七塑厂生产),调压管接头进口内径为 7.2mm,出口内径为 2.8mm,ϕ4 管内径变化于 3.96～4.0mm。在调压管进口位置处连接两块 0.4 级标准压力表(经水银测压管校正),流量测定用体积法。测定时变动调压管长度,观测调压管进出口毛管的水头压力,并同时测量流量。调压管长度由 0.01m 变到 2.5m,共测得数据 291 个。

经对测得数据进行分析整理,归纳为如下公式
$$L_T = \frac{\Delta h - 5.752 \times 10^{-5}Q^2}{6.85 \times 10^{-4}Q^{1.716}} \tag{3}$$

根据所安装的调压管不同长度,分别用公式(1)、(2)、(3)计算调压管的水头损失并与实测值进行误差分析,结果见表 1。

表 1 分析表明,公式(1)、(2)计算值与实测值偏差较大,而公式(3)用于 L_T=0.025～2.5m 时,平均误差不超过 4%,仅个别点据误差达 7.9%。

表 1　误差分析

采用公式	项目	公式计算值与实测值误差(%)		
		调压管长度 L_T 分段(m)		
		0.025～0.1	0.1～1.0	1.0～2.5
(1)	平均误差	22.2	5.1	10.7
	最大误差	27.0	15.5	18.8
(2)	平均误差	23.4	7.6	6.4
	最大误差	27.6	8.6	9.6
(3)	平均误差	0.6	1.9	3.9
	最大误差	2.4	4.2	7.9

值得指出的是,公式(1)、(2)、(3)的应用是有条件的,这就是调压管接头必须连同调压管一块起消能作用。工程设计中常遇到这种情况,即用上述公式计算的调压管长度

$L_T \leqslant 0$，因此设计者可能只在毛管进口放一个调压管接头，不再接 $\phi 4$ 管，以为这样消除的水头不会超出应消除的多余水头，然而，这种做法是错误的。因为仅用一个调压管接头的局部水头损失计算公式，与调压管加上一段 $\phi 4$ 管后的局部水头损失计算公式是完全不同的。为了说明这个问题，将式(3)变换成如下形式

$$\Delta h = 6.85 \times 10^{-4} Q^{1.716} \times L_T + 5.752 \times 10^{-5} Q^2 \tag{4}$$

由式(4)可知，等号右边第一项为 $\phi 4$ 调压管的沿程水头损失(h_f)，第二项为调压管接头连同 $\phi 4$ 调压管在内的局部水头损失(h_j)，它实际上包括了 4 项局部损失，即：①调压管接头进口因断面收缩(断面直径由 10mm 变为 7.2mm)引起的局部损失；②接头本身的变径(由 7.2mm 变为 2.8mm)引起的局部损失；③接头出口断面放大(由 2.8mm 变为 4mm)引起的局部损失；④调压管出口放大(由 4mm 变为 10mm)引起的局部损失(参见图 1)。

根据室内实测数据分析，只在 $\phi 10$ 毛管内安装一个调压管接头时，接头的局部水头损失公式为

$$h'_j = 9.889 \times 10^{-5} Q^2 \tag{5}$$

公式(5)与公式(4)第二项相比，局部水头损失数值增大 71.9%，这是因为接头出口断面由 2.8mm 突然扩大到 10mm 消耗的能量，比由 2.8mm 先扩大到 4mm 再扩大到 10mm 的逐渐放大过程消耗的能量更大。因此，在设计中，若遇到使用公式(1)、(2)、(3)计算的调压管长度 L_T 为负值或接近零时，绝不能只配一个调压管接头，否则会导致消能过头，达不到毛管所需要的工作压力，而使滴头出水量小于设计值。如果遇到这种情况时，建议采取以下办法：当毛管进口多余水头不大时，干脆不要调压管(接头也不要)；当毛管进口多余水头较大时，可以在接头出口套上 2～3cm 长的 $\phi 4$ 管，以避免只用接头时，因断面突然放大使消能过头。经实测，当毛管进口流量为 190L/h 时，安装调压管接头并连接 26.5cm(净长)$\phi 4$ 管，其消除的水头与只安装一个接头相等。这个实测结果与使用公式(4)和式(5)的计算结果相吻合。

此外，笔者根据有关水力学文献[3]介绍的局部水头损失计算公式 $h_j = \zeta(v^2/2g)$ 以及局部阻力系数(ζ)的确定方法，亦整理成调压管接头连接 $\phi 4$ 调压管或不连接 $\phi 4$ 管两种情况下的局部水头损失计算公式如下：

接头连接 $\phi 4$ 管情况下

$$h_j = 8.918 \times 10^{-5} Q^2 \tag{6}$$

只用一个接头情况下

$$h_j = 1.322 \times 10^{-4} Q^2 \tag{7}$$

式(6)与式(4)相比较，局部水头损失增大 55%；式(7)与式(5)相比较，局部水头损失增大 33.7%。由于调压管接头的水力条件比较复杂，建议滴灌工程设计者采用以实测资料为依据的公式(4)与公式(5)，而慎用由分析得到的公式(6)与公式(7)。

在本文将要结束时，我们提出两点建议：第一，希望生产厂家严格掌握调压管接头的产品质量。实测中发现，如果接头出水口直径与 2.8mm 有误差或出口不圆滑，均显著影响调压管的局部水头损失；第二，希望增加调压管接头的规格，使其形成系列。目前，仅有

10×4mm 一种规格，给设计者造成不少困难。比如，若不加调压管，毛管进口有多余水头，而加上 10×4mm 调压管又使消能过头。这个问题希望能尽快解决。

由于水平及试验设备所限，文中可能有不足甚至错误之处，敬请指正。本文曾经水力学教授崔起麟老师审阅，徐振辞老师也参加了部分试验工作，在此一并表示感谢。

参 考 文 献

[1]丘为铎．优质、高产、低成本的燕山滴灌技术．水利水电技术，1985(8)
[2]付琳，等．微灌工程技术指南．北京：水利电力出版社，1987
[3]清华大学．工程水力学．北京：高等教育出版社，1959

微喷头布置形式对喷洒均匀度的影响*

[摘　要]　为了提高微喷灌在湿润面积上的均匀性,本文选出三种具有代表性的微喷头,测出其水力性能,画出了单喷头水量分布图形,进行了不同间距和不同布置形式的组合,并以组合喷洒均匀系数为主要评价指标,探讨了微喷头组合的最佳布置形式。经分析,水轮型微喷头的布置间距以(0.85～0.92)R,水雾型微喷头的布置间距以(1.30～1.36)R 时,其组合喷洒均匀系数较高,喷洒效果比较理想,可供设计者参考。

[关键词]　微喷头;优化组合;喷洒均匀度

随着农业节水灌溉技术的推广,微喷灌以其节水、省工、增产、对地形适应性强等优点,日益受到重视,具有广阔的发展前景。微喷灌的灌水质量取决于喷洒的均匀度。在设计上,不仅要考虑一条毛管上各微喷头出水的均匀性,还要考虑湿润面积上水量分布的均匀性。本文对后者进行了初步探讨,选用水轮型射流微喷头和水雾型折射微喷头进行了室内性能测试,求得水量分布图形,并进行不同布置间距和形式的组合,分析结果如下。

1　水轮型微喷头组合均匀度分析

1.1　水力性能

水轮型微喷头选用北京市大兴塑料厂生产的产品(绿原 S－0055,见图 1),其实测性能为:进口直径 1.4mm,当工作压力为 10m 水头时,出水量 53L/h,射程 2.73m;当工作压力为 15m 水头时,出水量 64L/h,射程 2.94m。

1.2　单喷头水量分布图形

实验室测定时,采用射线法,共布置 12 条射线,雨量筒间距 0.5m,实测单喷头水量分布图形(工作压力 10m 水头)如图 2 所示。图中雨量单位为 mm/h。经分析,单喷头喷洒均匀系数为 41.5%。

1.3　组合喷洒均匀系数

本文仅考虑应用于果树微喷灌的情况,分别考虑果树株距 2m、3m、4m,行距 4m 等不同布置形式,喷头间距采用 2.0m、2.5m、3.0m、3.5m、4.0m 等五种尺寸,毛管间距 4m。主要分析沿毛管方向,不同组合方式对喷洒均匀系数的影响,分析结果见表 1。

从表 1 可以看出,在喷头工作压力 10～15m 水头情况下,喷头布置间距为 2.5m 时,喷洒均匀系数得到较高值(C_u＝75.9%～82.0%),此时,微喷头布置间距相当于(0.85～0.92)R(R 为微喷头射程,下同)。

* 本文刊登于《灌溉排水》1994 年第 13 卷第 2 期。署名王文元、杨路华,执笔王文元。

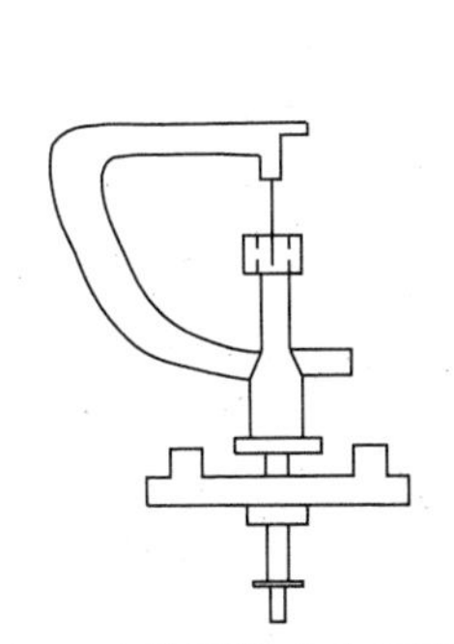

图 1　水轮型微喷头示意图

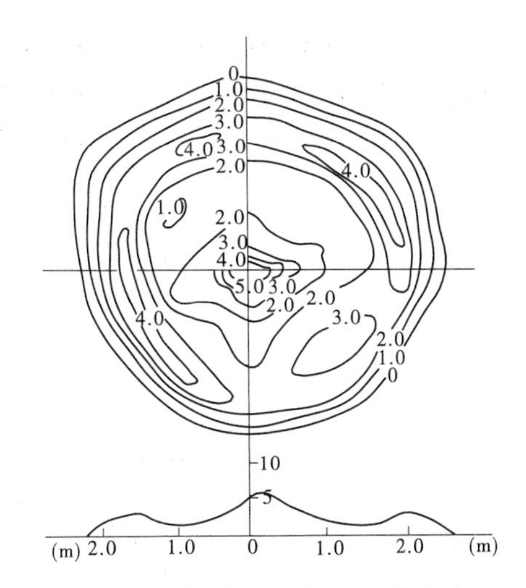

图 2　水轮型微喷头水量分布图　（单位:mm/h）

表 1　水轮型微喷头组合均匀系数分析成果

工作压力 (m 水头)	均匀系数(%)				
	喷头布置间距(m)				
	2.0	2.5	3.0	3.5	4.0
10.0	67.1	82.0	74.9	57.7	61.9
12.5	66.3	75.9	72.6	58.5	62.4
15.0	70.5	78.2	71.4	61.3	60.0

2　水雾型折射微喷头组合均匀度分析

目前,折射式微喷头有两种形式:双折射式和全折射式。本文采用水利部农田灌溉研究所(新乡市)生产的双折射式(WP－1)和全折射式微喷头(见图 3)进行分析,兹分别叙述于下。

2.1　双折射式微喷头

2.1.1　水力性能

经实测,双折射式微喷头进口直径为 1.0mm,当工作压力为 10m 水头时,微喷头出水量为 40L/h($q=13.01h^{0.45}$),射程为 1.54m。

2.1.2　单喷头水量分布图形

采用室内无风试验,测试方法同水轮型喷头。由于水雾型微喷头射程较近,为取得更好的精度,雨量筒间距调整为 0.4m。当工作压力为 10m 水头时,其水量分布如图 4 所示。经计算,单喷头喷洒均匀系数为 15.8%。

2.1.3　组合喷洒均匀系数

从水量分布图上可以看出,水量分布具有方向性,分析时考虑了这一因素,以图 4 中Ⅰ—Ⅰ断面与果树行中心线重合为正向布置,而后使喷头转动 15°、30°进行分析,结果仍以正向布置时均匀系数较高，下面讨论时喷头均为正向布置。关于喷头间距共设计1.0m、1.25m、1.5m和2.0m四种方案，每种方案又包括了喷头相间错开果树行中心线0、0.25m和0.5m三种情况（如图5所示），共12种方案，其分析结果见表2。

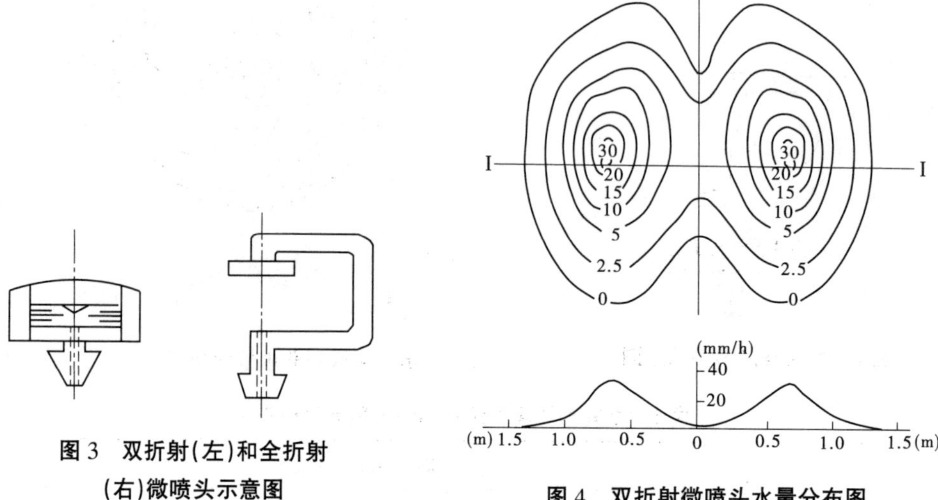

图3　双折射(左)和全折射(右)微喷头示意图

图4　双折射微喷头水量分布图

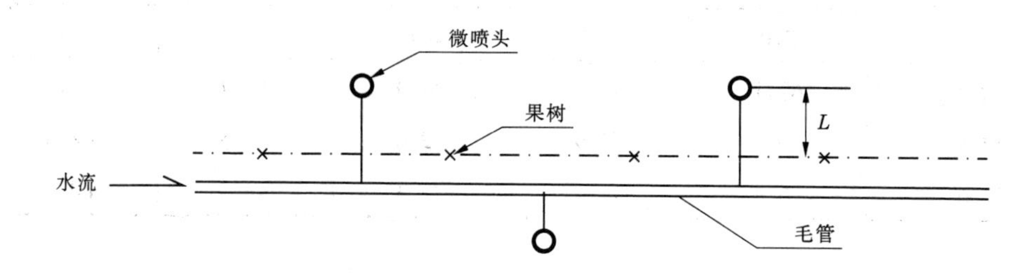

图5　微喷头错开布置示意图

表2　双折射微喷头组合均匀系数分析成果

序号	喷头间距(m)	喷头错开果树行中心线距离(m)	喷灌强度(mm/h)	均匀系数(%)
1	1.0	0	16.7	48.8
		0.25	15.6	48.1
		0.5	11.1	43.1
2	1.25	0	13.4	39.7
		0.25	12.7	29.3
		0.5	10.3	28.3
3	1.5	0	11.5	27.6
		0.25	11.3	27.3
		0.5	11.0	26.1
4	2.0	0	8.9	42.2
		0.25	8.9	41.4
		0.5	8.7	43.6

从上述结果可以看出，在喷头工作压力 10m 水头时，喷头布置间距采用 1m 不错位和 2m 不错位的布置形式，其均匀系数较高，此时喷头布置间距相当于 0.77R 和 1.30R。但前者喷灌强度过大，设计时，可选择布置间距为 1.3R。

2.2　全折射微喷头

2.2.1　水力性能

实测结果，进口直径为 2.8mm，喷水孔直径为 1.0mm，当工作压力为 10m 水头时，喷头出水量为 55L/h，射程为 1.47m。

2.2.2　单喷头水量分布图形

试验方法同上，布置 12 条射线，雨量筒间距 0.4m，当工作压力为 10m 水头时，实测单喷头全圆喷洒的水量分布图形如图 6 所示，计算得单喷头均匀系数为 15.1%。

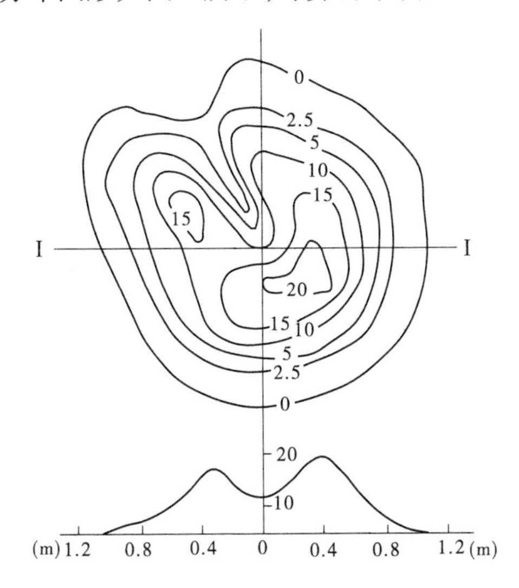

图 6　全折射微喷头水量分布图

2.2.3　组合喷洒均匀系数

考虑到全折射微喷头射程较近，取喷头布置间距为 1.0m、1.5m、2.0m 三种尺寸，实测与计算成果如表 3 所示。

表 3　全折射微喷头组合均匀系数分析成果

喷头间距(m)	喷灌强度(mm/h)	均匀系数(%)
1.0	23.0	73.5
1.5	15.4	67.2
2.0	11.0	65.8

从表 3 可以看出，喷头间距以 1.0m 最优，2.0m 次之，布置间距相当于 0.68R 和 1.36R。由于 1.0m 间距较小，平均喷灌强度超过 20mm/h，易造成地面积水。同时，1.0m 间距也加大了投资，从实用角度考虑，采用 2.0m(相当于 1.36R)的布置间距是可行的。

3　结论与建议

通过上述分析可知,微喷头进行组合喷洒是必要的,因为单喷头喷灌均匀系数很低,组合喷洒能大大提高喷灌均匀度。对于不同的微喷头,不同的布置间距,湿润面积上的均匀系数差异明显。对于水轮型微喷头,布置间距以(0.85～0.92)R 时的均匀系数较高,为76%～82%;对于水雾型双折射微喷头,布置间距以0.77R 和1.3R 时的均匀系数较高,但前者喷灌强度过大,宜采用1.3R;对于水雾型全折射微喷头,情况与双折射微喷头类似,虽然布置间距在0.68R 时均匀系数最高,但喷灌强度过大,宜采用1.36R。在水雾型微喷头类型中,双折射与全折射喷头相比,全折射式微喷头均匀系数较高。

综合性节水灌溉工程设计中几个问题的探讨*

[摘　要]　综合性节水灌溉工程，系将喷灌、微灌以及管灌等两种或两种以上不同灌水方式组合于同一个工程系统中，这在工程实践上已有应用。但如何处理不同灌水方式对系统工作压力的不同要求？如何保证各个轮灌组灌水时水泵都在高效区运行？以及如何保证各个轮灌组灌水的均匀性等三个技术性问题值得设计者注意。本文结合实际工程的设计与运行，提出在供水首部采用高压、低压两套系统，分别确定各轮灌组工作时水泵的工况点，使其运行在高效区，并依次准确确定各组的灌水时间，较好地解决了上述问题，使得综合性节水灌溉工程的设计、运行更趋经济合理。

随着对水资源不足的认识逐步深入，节水灌溉技术推广应用的节奏不断加快，节水灌溉工程，如低压输水管道灌溉（简称管灌）、喷灌以及微灌（包括微喷灌与滴灌等）的应用不断扩展，并出现了多处综合性节水灌溉工程。例如，有些工程供水潜力较大，但全部搞成喷灌资金不足，因此部分搞喷灌，部分搞管灌；有些工程属于地区节水灌溉示范工程，希望展示多种节水灌溉形式，为因地制宜推广不同节水灌溉方法和灌水技术摸索经验；还有些工程同一水源灌溉不同作物，既有大田作物，也有果树和蔬菜，希望根据作物特点采用适当的灌水方式。河北省徐水县南营果园（$20hm^2$）建成了包括喷灌、微喷灌、滴灌和管灌的综合性节水灌溉示范工程，河北农业大学标本园（果树区 $4hm^2$，蔬菜区 $2hm^2$，大田区 $2.7hm^2$）建成了具有喷灌、微喷灌和管灌的综合性节水灌溉系统，且大田和菜地实现了喷灌与管灌有机结合的两用系统，灵活机动，适应性强。

在上述综合性节水灌溉工程设计和运用中，我们认为以下三个技术性问题值得注意：第一，怎样处理不同灌水方式对工作压力的不同要求；第二，如何保证高压、低压各个轮灌组运行时，水泵工况点都在高效区；第三，由于各个轮灌组面积不一，且距水源远近不等，因此，各轮灌组工作时水泵工况点是变化的，怎样才能保证灌水的均匀性。现以河北农大标本园工程为例，谈谈我们解决以上三个问题的途径，以供参考。

1　解决不同灌水方式要求系统首部提供不同工作压力的措施

喷灌要求水泵提供较高的工作压力，而管灌则要求较低的工作压力，若在系统首部只配一台水泵，只能按喷灌要求选配，这样会出现两个问题：一是，低压系统（管灌）运行时，水泵工况点可能偏离高效区，造成动力浪费；二是，管灌出水口处可能造成冲刷，若再安装消能管件或消能水池，不但浪费了动力，而且增加了投资。为此，我们在首部增设了一台加压泵，组成高压、低压两套并联供水系统（见图 1）。按低压系统要求的设计工作压力选配一台潜水电泵（200QJ50－52/4），在潜水泵出水管出口分成两条管路：管路Ⅰ直通管网进口；管路Ⅱ串联一个加压的离心泵（IS80－60－160），如果大田管灌系统运行或密植果

* 本文刊登于《喷灌技术》1993 年第 2 期。署名王文元。

树微喷灌地块灌水,则只开启潜水泵使供水走管路Ⅰ;若喷灌(果树)系统运行,则同时开启两台串连的水泵,使供水走管路Ⅱ。这样,既避免了动力的浪费,又节省了投资和运行费用。

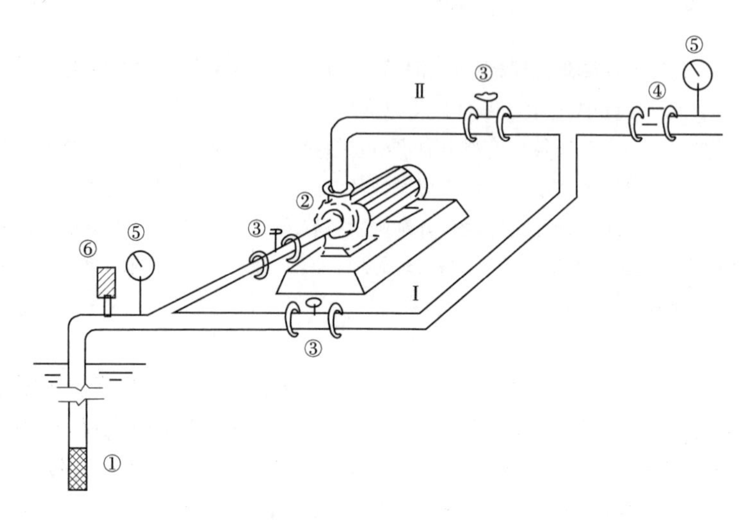

图1 首部管路示意图

①潜水电泵;②离心泵;③闸阀;④水表;⑤压力表;⑥进排气阀

2 确保水泵在高效区运行的方法

分别确定高压(喷灌)、低压(管灌或微喷灌)不同轮灌组灌水时水泵的工况点,是确保水泵运行在高效区的有力保证。以往,不少设计不分析各轮灌组灌水时水泵工况点的变化,这在水源位置居中,轮灌组划分较少的情况下是可行的。对于综合性节水灌溉工程,水泵的工况点则需要认真分析,因为:一是系统运行分为高压和低压两种情况;二是综合性节水灌溉工程往往控制面积较大,划分的轮灌组较多,各轮灌组距首部远近相差较大,管网水头损失变化幅度也比较大,因此分析远、中、近不同轮灌组灌水时水泵的工况点是不可忽略的。

确定水泵工况点,需要做出各轮灌组运行时管网流量与所需水泵扬程的关系曲线($H_{需}—Q$ 曲线),并将此曲线绘于水泵性能曲线图上,$H_{需}—Q$ 曲线与水泵 $H—Q$ 曲线的交点,即为水泵的工况点,见图2。对于喷灌的轮灌组,应先假定喷头的出水量(q_x)根据喷头性能曲线求得喷头所需工作压力,再计入管路损失以及喷头位置与水源动水位的高差,计算所需要的水泵扬程;对于两泵串联工作时,则应首先绘制串联时总的流量扬程曲线(图 $H_{1+2}—Q$ 曲线),再根据管路性能曲线 $H_{需}—Q$ 曲线与 $H_{1+2}—Q$ 曲线的交点确定水泵的工况点。经验核,河北农大标本园的8个喷灌轮灌组分别运行时,其水泵流量变化于45.6~57.8m^3/h,扬程变化于88.9~80.0m,均处在水泵高效区内。低压系统运行时亦然。

3 根据水泵工况点,准确计算各轮灌组灌水时间,保证灌水均匀度

以往设计,一般仅根据灌水器的设计流量确定其工作时间,此即为轮灌组的灌水时

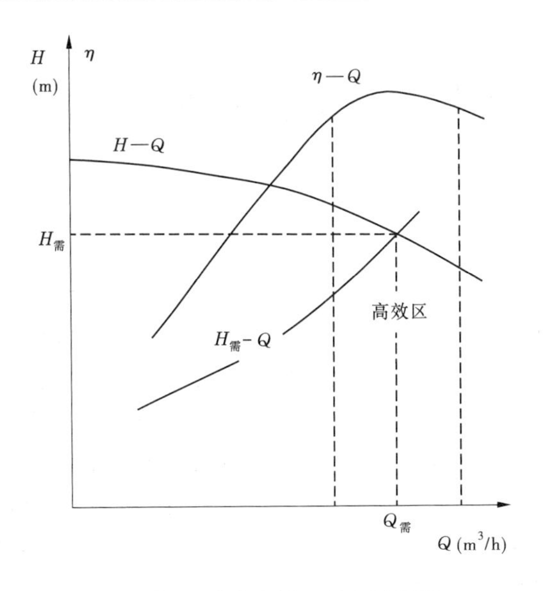

图 2　确定水泵工况点示意图

间。以喷灌为例,喷头工作时间 t 为:

$$t = \frac{m_{设} bl}{1\ 000q} \tag{1}$$

式中　t——喷头工作时间,h;

$m_{设}$——设计灌水定额,mm;

b——支管上喷头间距,m;

l——支管间距,m;

q——喷头设计流量,m^3/h。

如果不管哪个轮灌组灌水,都用这个时间来控制,其结果是,距系统首部近的轮灌组因管路水头损失小,灌水器工作压力相对较大,可能使灌水量大于设计灌水定额,而距首部远的轮灌组灌水量可能小于设计灌水定额,因此无法保证全面积灌水的均匀性。所以,应该首先确定各轮灌组灌水时水泵的工况点流量,再按下式计算各轮灌组的供水时间,以保证灌水的均匀性。

$$t_{轮} = \frac{m_{设} \omega_{轮}}{1\ 000Q_{轮}} \tag{2}$$

式中　$t_{轮}$——某轮灌组的灌水时间,h;

$m_{设}$——设计灌水定额,mm;

$\omega_{轮}$——轮灌组的控制面积,m^2;

$Q_{轮}$——某轮灌组灌水时水泵的工况点流量,m^3/h。

仍以河北农大标本园为例,当设计灌水定额为 54mm 时,8 个喷灌轮灌组用公式(2)计算的灌水时间变化于 4.2～4.9h。显然,若按公式(1)计算的相同时间灌水,灌水定额相差多达 17%。或造成水量浪费,或使灌水量不足,都是应该避免的。

综合节水灌溉工程合理性的判别*

1 前言

随着对节水认识的不断深入,各种形式的节水灌溉技术得到普遍的应用,特别是水资源严重匮乏的北方井灌区,节水灌溉日益受到重视。近几年在喷灌、微灌、低压输水管道灌溉(简称管灌)等单一类型节水灌溉工程的基础上,出现了在一个水源供水系统中,采用两种或两种以上灌水方法的综合节水灌溉工程,如河北省徐水县南营农果场,包括喷灌、微喷灌和管灌三种类型的综合工程;保定市一亩泉果园微喷灌、管灌综合工程等。这些工程较好地处理了各种不同灌水方法要求不同灌水压力的问题,其节水、节能、增产效果比单一工程更为明显。但这类工程兴建前大多未论证是否比单一工程更经济、更合理,而是出于种种原因,如建一处包括各种节水工程形式的“示范工程”,便于参观、学习和推广;或者由于资金不足,全部建成投资高的节水灌溉工程搞不起,只好部分建投资高的节水工程,部分建投资低的节水工程。这些工程的兴建带有一定的盲目性。针对这一问题,本文探讨了综合性节水灌溉工程合理性的判别问题,将效率和耗能一并考虑,提出了单位效益耗能的概念,并以此为指标建立合理性判别式,避免了单纯以能耗为指标或单纯以效益为指标建立判别式所产生的片面性。该判别式为综合节水灌溉工程的采用提供了理论依据,可供工程设计、工程管理人员参考。

2 合理性判别的数学模型

2.1 模型的建立

建立模型的关键在于寻求一个恰当的判别指标。节水灌溉工程是以有限的水资源获得较大效益为出发点,因此工程的效益是判别式的主要目标,随着能源危机的加剧,能耗也是一项重要因素,在效益相近的情况下,应该选用能耗低的工程,这样,我们就以效益高、能耗低为目标建立判别式。

令
$$A = \frac{E}{B} \tag{1}$$
$$P = \frac{A_2}{A_1} \tag{2}$$

式中 A——产生单位效益所消耗的能量,kW·h/元;

A_1, A_2——两个相比工程的单位效益能耗,A_2 代表拟采用工程单位效益能耗,A_1 代表对比工程单位效益能耗;

* 本文刊登于《灌溉排水》1995 年第 14 卷第 3 期。署名王文元、杨路华,执笔杨路华,王文元修改。文中实例为徐水县南营果园,该果园是“徐水县综合节水灌溉示范工程研究与推广”科研项目(主持人王文元)的试验果园。

P——判别指标；

B——工程净效益，元；

E——工程总耗能，kW·h。

$P=1$ 说明拟采用工程与对比工程单位效益耗能相同，是临界值；

$P>1$ 说明拟采用工程不合理，应予淘汰；

$P<1$ 说明拟采用工程合理、可行。

在进行多种方案优化分析时，P 值越小则方案越优。

2.2　单一节水灌溉工程合理性判别

在讨论综合节水灌溉工程合理性判别之前，先分析拟采用的单一节水灌溉工程(如喷灌、微灌、管灌等)是否比兴建节水工程前的地面土渠灌溉合理。

2.2.1　地面灌溉的能耗(E_1)和效益(B_1)

能耗计算公式

$$E_1 = \frac{2.72\gamma M_1 H_1}{10^6 \eta_1 \eta_{1水}} \tag{3}$$

式中　E_1——井灌区多年平均单位面积能耗，kW·h/(a·hm^2)；

M_1——多年平均净灌溉定额，m^2/hm^2；

γ——水的容重，t/m^3；

H_1——机井提水净扬程，m；

η_1——机井装置总效率(%)，为水泵效率($\eta_{泵}$)、电机效率($\eta_{机}$)、传动效率($\eta_{传}$)与水泵管路效率($\eta_{泵路}$)的连乘积；

$\eta_{1水}$——灌溉水利用系数；

2.72——机井提水每千吨米的理论耗电量，kW·h。

效益计算公式：

$$B_1 = \sum \beta_i (Y_i - Y_{io})(1 + n_i) D_i \varepsilon - Z_1 \tag{4}$$

式中　B_1——机井控制范围内多年平均年单位面积净效益，元/(a·hm^2)；

β_i——i 种作物种植比；

Y_i——机井控制范围内 i 种作物灌后产量，kg/hm^2；

Y_{io}——i 种作物不灌水的产量，kg/hm^2；

n_i——i 种作物副产品价值占主产品价值的百分比；

D_i——i 种作物产品价格，元/kg；

ε——增产效益的水利分摊系数；

Z_1——地面灌溉多年平均年单位面积费用，元/(hm^2·a)。

2.2.2　拟采用的单一节水灌溉工程能耗(E_2)和效益(B_2)

能耗 E_2 和效益 B_2 计算公式与式(3)、式(4)基本相同，即

$$E_2 = \frac{2.72\gamma M_2 H_2}{10^6 \eta_2 \eta_{2水}} \tag{5}$$

$$B_2 = (1+\alpha)\sum \beta_i(Y_i - Y_{io})(1+n_i)D_i\varepsilon - Z_1 \tag{6}$$

式中 α——节水工程节水、省地、省工效益与增产效益的比值,可参考已成工程确定。

其余符号意义同前。

需要说明的是,拟采用的节水灌溉工程系待建项目,其效益可根据条件类似地区已建工程估算。

2.2.3 单一节水灌溉工程合理性判别

在求得 E_1、B_1、E_2、B_2 后,将数据带入公式(1)和公式(2)即可得到判别式:

$$P = \frac{A_2}{A_1} = \frac{E_2/B_2}{E_1/B_1} = \frac{2.72\gamma M_2 H_2}{10^6 \eta_2 \eta_{2水} B_2} \times \frac{10^6 \eta_1 \eta_{1水} B_1}{2.72\gamma M_1 H_1}$$

整理后得:

$$P = \frac{M_2 H_2 \eta_1 \eta_{1水} B_1}{M_1 H_1 \eta_2 \eta_{2水} B_2} \tag{7}$$

当 $P=1$ 时,为临界状态,拟建工程与原地面灌溉工程单位效益耗能相同;$P>1$ 拟建工程不合理;$P<1$ 拟建工程合理、可行,P 值越小,方案越优。

当 $P=1$,可求得:

$$\left[\frac{H_2}{H_1}\right] = \frac{M_1 \eta_2 \eta_{2水} B_2}{M_2 \eta_1 \eta_{1水} B_1} = [C] \tag{8}$$

式(8)中$\left[\frac{H_2}{H_1}\right]$为临界扬程比,为判别拟采用节水灌溉工程合理性的另一种形式。

如果拟采用的节水工程设计净扬程 H_2 与原地面灌溉工程净扬程 H_1 之比小于临界值$[C]$,则工程合理,否则为不合理。比值越小,方案越优。临界值$[C]$与工程的设计灌溉定额(M)、机井装置效率(η)、灌溉水利用系数($\eta_水$)以及工程净效益(B)有关。如果两种工程净效益相同,则$[C]$只与前三项有关。

3 综合节水灌溉工程合理性的判别

综合节水灌溉工程合理性有两层含义,其一,综合节水工程比兴建节水工程前的土渠工程合理;其二,比兴建单一类型节水工程合理。

对于综合节水灌溉工程

$$E_3 = \sum \alpha_j E_{3j} = \frac{2.72}{10^6}\sum \frac{\alpha_j \gamma M_{3j} H_{3j}}{\eta_{3j}\eta_{3水i}}$$

$$B_3 = \sum \alpha_j B_{3j} \tag{9}$$

式中 α_j——综合节水工程中 j 种灌水方式控制面积占总面积的百分比。

由此可得综合工程与土渠工程相比的判别式:

$$P = \frac{A_3}{A_1} = \frac{E_3/B_3}{E_1/B_1} = \sum \frac{\alpha_j M_{3j} H_{3j}}{\eta_{3i}\eta_{3水i}} \times \frac{\eta_1 \eta_{1水} B_1}{M_1 H_1 (\sum \alpha_j B_{3j})} \tag{10}$$

综合节水工程与某单一节水工程相比的判别式:

$$P = \frac{A_3}{A_2} = \frac{E_3/B_3}{E_2/B_2} = \sum \frac{\alpha_j M_{3j} H_{3j}}{\eta_{3j}\eta_{3水j}} \times \frac{\eta_2 \eta_{2水} B_2}{M_2 H_2(\sum \alpha_j B_{3j})} \tag{11}$$

公式(10)、(11)即为综合节水灌溉工程合理性的判别式。当 $P=1$ 时,为临界状态;$P<1$说明综合工程合理,P 值越小,方案越优。

4　计算举例

某果园面积 11.67hm^2,其中,苹果树 7hm^2,占果园面积的 60%;桃、梨树 4.67hm^2,占果园面积的 40%。桃、梨树种植在果园边缘。该园原为地面土渠灌溉,居中有一眼机井,拟修建节水灌溉工程,考虑了两个方案:第一方案,全部采用管灌;第二方案,距机井位置较近的苹果区采用微喷灌,距机井位置较远的桃梨区采用管灌,经初步分析得到以下数据:

第一方案:

灌溉定额 $M_2=3\,000\text{m}^3/\text{hm}^2$;灌溉水利用系数 $\eta_{2水}=0.85$;

设计净扬程 $H_2=32\text{m}$;机井总装置效率 $\eta_2=0.328$;

净效益 $B_2=711.75$ 元/(a·hm^2)。

第二方案:

(1)微灌区

灌溉定额 $M_{31}=2\,400\text{m}^3/\text{hm}^2$;灌溉水利用系数 $\eta_{3水1}=0.9$;

设计净扬程 $H_{31}=38.4\text{m}$;机井总装置效率 $\eta_{31}=0.394$;

净效益 $B_{31}=1\,519.5$ 元/(a·hm^2)。

(2)管灌区

灌溉定额 $M_{32}=3\,000\text{m}^3/\text{hm}^2$;灌溉水利用系数 $\eta_{3水2}=0.85$;

设计净扬程 $H_{32}=33.4\text{m}$;机井总装置效率 $\eta_{32}=0.32$;

净效益 $B_{32}=711.75$ 元/(a·hm^2)。

将上述数据代入公式(11)则:

$$P = \left(\frac{0.6\times 2\,400\times 38.4}{0.394\times 0.9} + \frac{0.4\times 3\,000\times 33.4}{0.32\times 0.85}\right)\times \frac{0.328\times 0.85\times 711.75}{(1\,519.5\times 0.6+711.75\times 0.4)\times 3\,000\times 32} = 0.524$$

计算结果,$P=0.524<1$,说明采用微喷灌和管灌结合的综合节水灌溉工程比采用单一的管灌工程,更加合理。

温室、大棚滴灌系统设计与管理中值得注意的问题*

[摘　要]　近几年,温室、大棚蔬菜的灌溉采用滴灌技术的越来越多,但有些工程无论设计或管理都存在一些问题,包括调压设备的合理配置,如何按土壤、作物、灌水器、滴灌总水量确定毛管(滴灌带)的间距;以及怎样按大棚蔬菜的耗水特性合理确定灌溉制度等,上述诸项技术问题若采用不合理,不但直接影响经济效益和节水效果,严重时可导致工程失败,值得重视。

我国自20世纪70年代中期引进滴灌技术以来,经过消化吸收、试验摸索,逐渐走上了稳步发展的道路,这中间还经历了一段盲目发展的时期,使我们汲取了教训。我国水资源不足,特别是北方地区严重不足,发展微灌理所当然。但我国的生产力水平还比较低,农民经济条件尚不富裕,技术素质更有待提高,这又限制了微灌的大面积应用。因此,全国微灌面积仅为13.3万 hm^2,占全国灌溉面积的0.26%。无疑,随着国民经济的蓬勃发展,农民收入的迅速增加,微灌面积必将有较快的增长。

由于经济上的原因,推广微灌技术追求低投入的倾向比较突出。相对而言,微灌的科技含量较高,若一味追求低投入,例如,在设备上,该配置的设备不配,购买价低质次的管材、管件,使用最"便宜"的灌水器;在设计上,该配两条毛管配一条;在管理上,照搬传统地面灌溉模式管理微灌系统等,本想少花钱办大事,结果可能是事与愿违,花了钱却办不成事,不但浪费了人力、财力,而且可能导致对微灌技术的否定。针对生产应用中常遇到的问题,本文将重点探讨大棚滴灌系统调压罐的合理设置、毛管(滴灌带)间距的合理确定以及大棚环境下灌溉制度的合理制定等问题。

1　调压罐的合理配置

随着人们生活水平的提高,跨季蔬菜的需求量越来越大,因此温室、大棚种植蔬菜的面积迅猛增加。种植环境的变化,要求栽培、施肥、灌水等环节都应随之变化,若仍沿用露地栽培、灌溉等技术,就会产生矛盾,导致减产。例如,大棚灌水若仍用大水漫灌,必将导致棚内湿度过大而加重病害。因此,目前主要出于控制大棚湿度,减少病害的原因而采用滴灌技术(由于抽取地下水不收水费,节水反成其次)。

对于北方井灌区成片大棚蔬菜种植区的灌溉系统,一个突出的问题是怎样划分轮灌组,若按户排队,有的农户不能及时灌水,而有的农户因排队排到了,不该灌水,也得提前灌,既浪费了水量,流失了肥料,多花了电费,还可能导致减产。采用滴灌后,由于水泵已经选定,若不设调压装置,只能划片灌水,这样,上述问题照样发生,这同大棚蔬菜的科学管理发生矛盾。因此,采用滴灌供水的大棚应该做到随机供水,根据作物需水规律和土壤水分状况确定最佳灌水时间。要实现随机供水,不设调压装置很难做到。为了适应有时

* 本文刊登于《节水灌溉》2000年第3期。署名王文元、董玉云。执笔王文元。

需要灌水的大棚多,有时需要灌水的少,而要求首部提供的流量相差悬殊的问题,有的工程配备两台水泵,一台大泵,一台小泵,需灌水的大棚多时开大泵,需灌水的大棚少时开小泵。由于水泵的调节能力有限,仍然不能很好满足要求,管理上也很麻烦。而且,对管井而言,一眼井也容不下两台泵;有的工程想利用主管路的容积调压,更是不切实际。有的想用电机变速调节水泵扬程与流量,理论上可行,实际应用尚少。目前,比较可行的措施是在滴灌系统的首部设置调压罐。使用调压罐调压,虽增加了投资,但基本上可实现随机供水,无论需要灌水的大棚多或少,都可以满足对水头压力的要求,而且,可保证水泵在高效区运行,保证管网在限定的压力下工作,既可靠供水,又安全保险。

调压罐有两大类型,一是水气自然分隔式,一是水气用隔膜分隔式,用户可根据具体情况选用。但不论选哪种类型的调压罐,都应具备充气设施,特别是水气自然分隔式,由于部分空气被水流带走,罐内空气减少,调压能力下降,而且有危险,应引起重视。

调压罐的容积应通过计算确定,不能以少花钱为原则,否则,起不到调压作用。对于水气自然分隔式的调压罐,其容积按下式计算:

$$V = W(\alpha - \beta)$$

$$W = Tq$$

$$\alpha = 1 - \frac{P_0 + 101.3}{P_2 + 101.3}$$

$$\beta = 1 - \frac{P_0 + 101.3}{P_1 + 101.3}$$

式中　V——调压罐容积,L;

W——停泵期间调压罐的供水量,L;

T——电机允许启动周期,min,见表1;

q——滴灌系统一个标准轮灌组的供水流量,L/min;

P_0——水泵供水前调压罐的起始压力,kPa,对于有自动补气功能的调压罐,$P_0 \leqslant 0.8P_1$;

P_1——调压罐设计最低工作压力,kPa;

P_2——调压罐设计最高工作压力,kPa;

α——设计最高工作压力下罐内水量占罐体积的%;

β——设计最低工作压力下罐内水量占罐体积的%。

表1　电机允许启动周期

额定功率(kW)	5.5	7.5	10	17	22	30	40
允许启动周期(min)	1.58	2.14	2.69	4.14	4.62	5.45	6.39

注:摘自《喷灌工程设计手册》。

例如,当大棚区滴灌系统首部最高工作压力为300kPa,最低工作压力为150kPa,水泵电机为17kW,一个标准轮灌组流量为333L/min($20m^3/h$),则 $\alpha = 44.9\%$,$\beta = 11.9\%$,$W = 4.14$min,$W = 1\ 380$L,$V = 4\ 181.8$L,即需购置4.2t 容积的调压罐。

2　大棚滴灌毛管(滴灌带)间距的合理确定

大棚蔬菜因种类不同,其栽植间距相差很大,例如,黄瓜、番茄多采用两密一稀栽培模式,如图1所示。在这种情况下,有的采用两行作物一条滴灌带,置于窄行距的中央;有的采用每行作物一条滴灌带,置于作物根部。第二种布置形式,滴灌带增加了一倍,投资加大。如果两种布置都能满足作物需水要求,当然投资省者易为农民选用。但从作物根层土壤水分分布看,两行作物布置一条滴灌带时,植株的窄行距一侧因靠近滴灌带,土壤含水率大,而宽行距一侧因距滴灌带远而含水率小,长此下去,会影响根系的均匀分布。而且,若按含水率小的一侧计算灌水器供水量,会导致含水率大的一侧发生深层渗漏,并可能因为供氧不足影响根的呼吸。

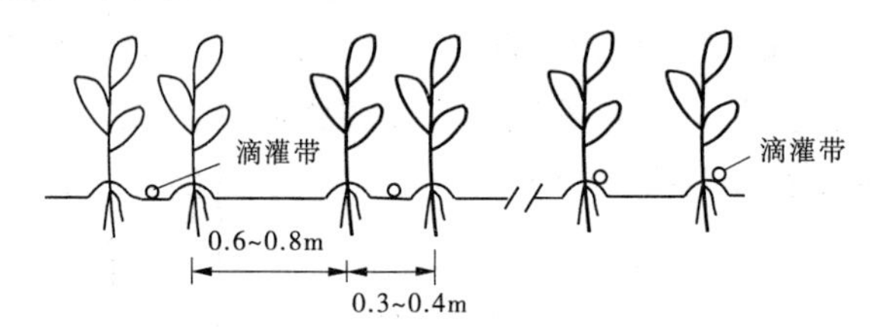

图1　蔬菜栽培模式与滴灌带布置示意图

滴灌的湿润范围受土壤质地、灌水器出水量及灌水时间的影响。大量试验研究表明,灌水器出水量小于1.5L/h时,壤土的湿润直径小于0.8m,黏土的湿润直径也超不过0.8m;灌水器出水量小于2~3L/h时,壤土的湿润直径可达0.8m,黏土的湿润直径1.0m。笔者在徐水县大棚滴灌试验中观测到,当灌水器出水量为1.0L/h时,滴灌6h后,轻壤土湿润直径仅为0.6m。因此,设计者在确定滴灌毛管(滴灌带)间距时,应考虑土壤质地、灌水器出水量、滴水时间、作物特性等多种因素,合理确定。一般情况下(窄行距≥0.4m),应选择每行作物一条滴灌带,只有在土壤结构较细,所选灌水器出水量较大(大于3L/h),以及滴灌时间较长(灌水周期大于3天),作物窄行距≤0.3m时,才能选择每两行作物一条滴灌带。在这种条件下,笔者建议若有可能,应将作物窄行距调整到≥0.4m,尽量保证每行作物一条滴灌带。

3　大棚滴灌灌溉制度的合理确定

大棚的栽培环境与露地栽培大相径庭,绝不能照搬露地栽培的管理模式,特别是灌溉环节。根据田间试验资料,露地栽培的果菜类(如黄瓜、番茄等)蔬菜,果实膨大期日耗水强度可达8~10mm/d,而笔者在徐水县大棚滴灌试验区量测,番茄盛果期晴天日耗水强度为2.7~3.4mm/d,阴天为1.6~2.2mm/d;另据吴兴波等研究,大棚黄瓜膜下滴灌,全生育期平均日耗水强度为1.39mm/d,无膜滴灌为1.67mm/d;结果期,膜下滴灌日耗水强度为1.63mm/d,无膜滴灌为2.05mm/d,对照处理的畦灌为2.52mm/d,两者试验基本相近。因此,若在盛果期3天灌水1次,灌水量仅为8~10mm。若滴灌带上灌水器控制面积为0.3m×0.8m,则灌水器供水量为1.92~2.4L,若用出水量为2L/h的灌水器,灌水时间仅1小时左右。为了保证足够的湿润深度,使蔬菜根系集中分布层都得到水分补充,可以适当拉长灌水周期，使每次供水量加大。笔者在仍采用地面灌溉的大棚看到，农民在番茄盛果期依然 3 天大水漫灌 1 次，灌水量将近 40mm，不但水量浪费了 75%～80%，而且造成大量养分的流失，这不仅造成经济损失，更严重的是导致地下水的污染；在滴灌的大棚中又看到，也是 3 天灌水 1 次，但一次滴灌时间多达 12 小时，同样，既浪费了水量、养分，又污染了地下水。综上所述，灌溉制度的制定一定要以作物日耗水强度、耗水规律为依据，切忌盲目行事。

总之，微灌技术是一项科技含量较高的灌溉技术。工程系统应进行认真地规划设计，工程设施应采购合格的产品，工程的管理要科学化、规范化，不能沿用地面灌溉、喷灌等的习惯做法。只有从设计、施工、管理各个环节把好关，微灌工程才能发挥出预期的经济效益、社会效益和生态效益。

参考文献

[1]付琳．微灌技术发展中的问题．节水灌溉[M]，北京：中国农业出版社，1998
[2]喷灌工程技术手册[M].北京：水利电力出版社，1989
[3]王文元，等．喷滴灌设备使用与维修[M]. 河北科技出版社，1999
[4]吴兴波，等．塑料大棚蔬菜膜下滴灌技术研究[J]. 灌溉排水，1999(1)

雨水利用、微灌技术与庭园经济*

[摘　要]　干旱半干旱地区缺水导致人们生活饮用水困难,更制约着工农业经济的发展。建集蓄雨水工程——集流场、蓄水水窑、水窖,可解决当地群众的生活用水,还可用剩余的水发展庭院经济,脱贫致富。在这类地区微灌技术成为利用集蓄的雨水发展庭院经济的纽带。但目前雨水利用与微灌技术的结合尚处较低水平,有待进一步研究适用于这类地区的设备和技术,使微灌给干旱半干旱地区人民带去福音。

[关键词]　雨水利用;微灌技术;庭院经济

1　干旱半干旱地区雨水利用与庭院经济发展概况

我国华北北部、西北大部地区,年降雨量在400mm左右或不足400mm,属于干旱半干旱地区,其中降雨量小于250mm者为极端干旱区。然而,就是这点雨量也有明显的丰枯季节,华北北部坝上地区,70%以上雨量集中在6～9月份;占甘肃全省总面积65%以上,年雨量小于400mm的黄土高原区,60%～70%的降雨量也主要集中在6～9月份,而且多以暴雨的形式出现,往往造成水土流失和洪水灾害,但全年大部分时间干旱少雨,十年九旱是这类地区的普遍规律。

当然,上述地区也有某些优势,比如,土地资源丰富,热量资源充足,而且昼夜温差大,果品品质好等,一旦解决了缺水问题,经济就会快速发展。然而,解决缺水问题绝非易事,特别是黄土高原区,由于黄土颗粒细、密实,空隙率低,储水、保水能力差,垂直分布深等特性,打井打不出水来,不能像华北平原那样发展井灌。降雨产生的地面径流只占6%左右,而且多带土流失,其余90%以上降雨转化为土壤水,但随即又蒸发消耗掉,作物难以利用,大大限制了农业的发展。

多年来,当地群众在与干旱的斗争中积累了丰富的经验,特别是近十年,修建集雨隔坡梯田,发展适雨作物,铺沙盖地减少蒸发等,都起到了很好的作用。尤其是雨水利用工程,在利用水窑、水窖储水解决生活饮用水的传统上,以高科技赋予其新的生命力,即将雨水利用、微灌技术用于发展庭院经济,取得显著经济效益。1995年甘肃省委、省政府做出决定,实施"121"雨水集流工程,即在干旱地区每户建设一个100m^2左右的雨水集流场,修建两眼储水30～50m^3的水窖,发展一亩(667m^2)左右的庭院经济。该项工程一半窖水用于人畜饮用水,一半用于发展庭院经济。用30～50m^3的水使得667m^2的庭院作物取得好产量,采用传统地面灌溉方法是实现不了的,而微灌技术却可发挥重要作用。

"121"工程实施一年多就出现了不少脱贫致富的示范户。如定西地区一个示范户,4

* 本文刊登于《节水灌溉》1997年第2期。署名王文元。本文是作者于1996年在兰州参加"第一届全国雨水利用学术讨论会暨国际学术研讨会",并参观了甘肃省最缺水的定西地区雨水利用工程——农户院落集流场、水窖与庭院微灌后,有感而写。

口人，修建硬化雨水集流场 660m^2，新建 3 眼储水 30m^3 的水窖，庭院 2 000m^2 的果园采用地下滴灌，果树行间套种西瓜、蔬菜和花生，年产值 2 640 元，加上覆膜玉米 4 000m^2，产值 2 600 元，合计 5 240 元，人均超过 1 000 元，实现脱贫。

内蒙古自治区 1995 年在干旱的准格尔旗和清水河县实施“112”集雨节水灌溉工程，即一户建一个储水 30～40m^3 的旱井或水窖，采用坐水种或滴灌技术发展 2 亩（1 334m^2）的抗旱保收田。从实施一年的情况看，效益也是非常明显，滴灌设备的投资当年可以收回，如果加上集流工程的投资，2～3 年也可收回；河北坝上地区利用集蓄的雨水发展庭院经济，一个 30m^3 的水窖可供给 233m^2 大棚蔬菜的用水，年效益可达 800～1 000 元。此外，在宁夏、青海也都有集蓄雨水发展庭院经济脱贫致富的典型。如青海宁南山区倪壕村一示范户，5 口人，修水窖 5 眼，庭院有 667m^2 的果园，另有 8 000m^2 的耕地，养羊 8 只，人均窖灌水浇地 1 600m^2，年总收入达到 8 900 元，人均 1 780 元，接近小康水平。

2　集蓄雨水与微灌结合的几种形式

干旱半干旱地区每年靠水窑、水窖集蓄的雨水，首先解决人畜的生活用水，其余部分用以发展庭院经济，或给少量耕地补水，既不能像南方那样进行充分灌溉，也不能像华北平原那样采用全面积湿润的地面灌溉，只能采用微灌技术或其他节水灌溉技术给作物灌关键水、救命水，而且只能灌在作物根区最有效的部位，最大限度地发挥灌溉水的效益。当地农民和科技人员在总结历史经验的基础上，创造出了各种各样的微灌方法和技术，既有洋的也有土的，其主要形式有以下几种。

2.1　水窖自压滴灌

黄土高原的丘陵地貌为自压滴灌创造了条件，加上庭院作物种植面积小，滴灌系统的管道输水损失也小，一般有 2～3m 的水头即可进行滴灌，采用的形式如图 1 所示。

图 1 所示的形式取水时，用手压泵将水吸上来后，利用虹吸原理自压滴灌。因种植面积小，只设支管和毛管（滴灌管）两级。雨水一般清洁，但为预防滴头堵塞，在手压泵后面仍设一个微型过滤器。

2.2　注水膜下滴灌

该形式更为简单，首先，在作物盖膜之前铺设滴灌管道。每行作物一条毛管，毛管一端由支架架高，人工向其注水，如图 2 所示。

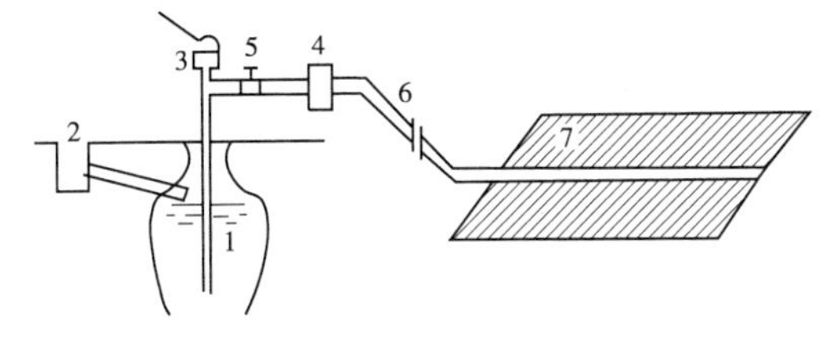

图 1　水窖自压滴灌示意图

1. 水窖；2. 集流沉沙池；3. 手压真空泵；4. 过滤器；5. 闸阀；6. 支管；7. 滴灌管

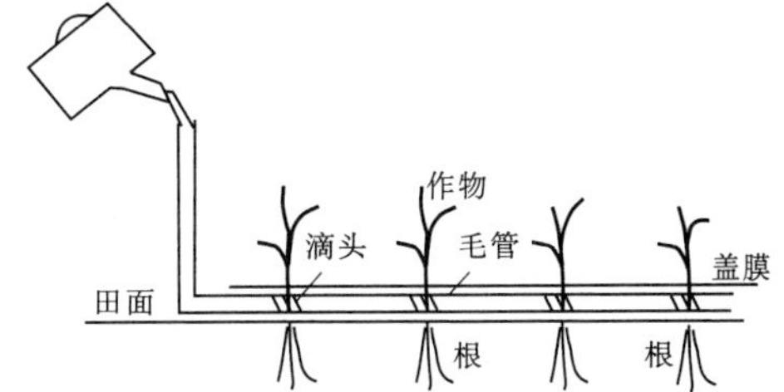

图 2　注水膜下滴灌示意图

2.3　瓦罐微灌

在玉米地，分撮成三角形播种，三角形中心预留瓦罐位置，播种时随即埋设瓦罐。这种瓦罐是特制的陶土粗砂罐，造价也很低廉。需灌水时，人工向瓦罐注水，水慢慢由瓦罐渗入作物根部土壤。据白银市水科所测定，瓦罐微灌渗水半径 30cm，深 40cm。产量高于覆膜玉米。

此外，还有插管渗灌法，即在果树周围插管，向管中注水渗灌；还有吊瓶注入式渗灌等，不再一一列举。

上述这些不同形式的微灌方法，虽然简单，但增产效果十分明显，而且水量极省，可以说，每滴水都发挥了最大的作用，对于干旱半干旱地区都是可以推广应用的。

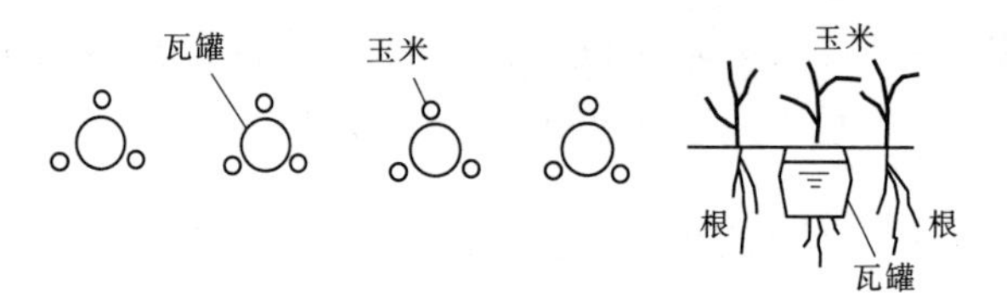

图 3　瓦罐微灌示意图

3　雨水利用对微灌技术的呼唤

干旱半干旱地区生产水平相对落后，群众生活仍很贫困，不可能拿出很多钱来投入节水灌溉。因此，微灌技术在这些地方推广，就要求投资小，设备简单，农民易于操作，而且坚固耐用。这就需要生产微灌设备的厂家与科研部门合作，精心研制适用上述地区的设备和技术，包括微型加压泵，微型过滤器，坚固耐用、造价低廉的灌水器(滴头、微喷头等)，以及易于安装拆卸的快速连接接头等。据了解，上述地区采用的灌水器仍以微管滴头居多，应将国内外生产的灌水器、渗水毛管、滴灌带等优良设备推向上述地区，经试验、筛选后，确定一批成熟的设备和技术迅速推广应用。甘肃省“121”工程，内蒙古“112”工程都以科技为主线，把雨水利用、微灌技术与庭院经济有机地结合起来，国家、地方、农户一起投入，使工程初见成效。望微灌界、厂家、科研院所、大专院校齐心协力共同为上述地区微灌事业的发展贡献力量。

浅谈雨水利用与节水灌溉*

[摘　要]　作物的耗水来自土壤，土壤水分的消耗则由降雨、地下水和人工灌溉来补充，在地下水位埋深大的地区，土壤水分补给主要来自降雨和灌溉，提高降雨的有效利用率就可减少灌溉用水量。因此，通过工程措施、农艺措施、预测预报以及计算机技术，可以实现对土壤水分的科学调控，从而提高降雨的有效利用率，减少灌溉用水量，达到节水高产的目的。

[关键词]　降雨；利用率；灌溉；节水

雨水利用无论在干旱、半干旱或湿润地区都日益受到世界各国的重视。这里所说的雨水利用，是指通过简单的方法和设施集蓄雨水，供生活或生产用水。而不是指通过水利工程(如水库、塘坝等)拦蓄降雨径流、河川径流用于生活或农田灌溉。本文涉及的也不是屋顶、院落、水窖的雨水利用工程，而主要论述如何提高田间作物生长期内降雨的有效利用率，达到减少人工灌溉补水量，实现节水高产的目的。

1　作物耗水的水分供应

对旱作物而言，作物的耗水包括两部分，一是作物叶面蒸腾，一是株间土壤蒸发。对于稻田而言，除以上两部分以外还有田间渗漏。上述水分消耗称为作物耗水量或作物需水量。无论叶面蒸腾还是株间蒸发，都消耗了土壤水分，消耗的部分应得到及时的补充，否则会影响作物的正常生长。

土壤耗水，在地下水位埋深小于3～4m的地区，地下水通过土壤毛细管也补给作物根系活动层，埋深大于4m的地区则无此项补给。旱作物水量平衡公式为：

$$W_1 = W_0 + P_{有} + K + M - E$$

式中　W_1——时段末作物根系活动层土壤存储的水量，mm；

W_0——时段初作物根系活动层土壤存储的水量，mm；

$P_{有}$——时段内有效降雨，mm；

K——时段内地下水的补给量，mm；

M——时段内的灌水量，mm；

E——时段内作物的耗水量，mm。

上述水量平衡公式中，土壤根系活动层或称土壤计划湿润层，一般取为1.0m，在缺水地区建议取为1.5～2.0m。根据田间试验，计划湿润层取1.0m所计算的作物需水量均偏小。对冬小麦而言，作物需水量偏小5%～10%，作物全生育期土壤水分的利用量偏小20%～30%。

---

* 本文刊登于《河北水利水电技术》1998年第2期。署名王文元。本文是作者1997年应河北水利学会农田水利专业委员会之邀，为全省农业节水会议写的论文。所引用的景县冬小麦田间灌溉试验资料，系作者主持“井灌区水资源优化调度及节水增产效果研究”课题(1994～1996)的研究成果。

对旱作物而言，时段内有效降雨是指降雨入渗并存储于计划湿润层的那部分水量，其无效量包括降雨产生的地面径流流出计算区的水量、作物植株截留的雨量以及入渗量中超出田间持水率渗漏到计划湿润层以下的水量（称为深层渗漏量）。

由水量平衡公式可知，若以作物播种至收获的整个生育期作为一个阶段，则灌溉用水量的多少，取决于播前储水量（$W_{初}$）、生育期有效降雨量（$P_{有}$）、生育期地下水补给量（K）和作物耗水量（E）。若地下水埋深大于4m，不考虑地下水补给，并在一定产量水平和一定水文年份下将作物需水量看做一个稳定值，则作物耗水的补给因素为：

$$E = (W_0 - W_{末}) + P_{有} + M$$

式中，$(W_0 - W_{末})$为全生育期土壤水分利用量，其余符号意义同前。

2　土壤水分利用量、降雨有效利用量与人工灌溉补给量的辩证关系

2.1　有关试验资料

降雨量、灌溉供水量与土壤水分利用量的试验资料见表1、表2。

表1　吨粮田条件下的降雨量、灌水量与土壤水分利用量

作物	全生育期降水量(mm)	全生育期灌水量(mm)	土壤水分利用量(mm)		
			0～1.0m土层	1.0～2.0m土层	0～2.0m土层
冬小麦	67.5	90.0	210.7	96.0	306.7
		150.0	156.0	95.0	251.0
		225.0	139.3	62.9	202.2
夏玉米	418.2	120.0	−36.1	−130.2	−166.3
		180.0	−67.2	−142.7	−209.9

注：资料来自藁城灌溉试验站。

表2　冬小麦土壤水分利用量分析

产量水平(kg/hm^2)	全生育期降水量(mm)	全生育期灌水量(mm)	土壤水分利用量(mm)			
			0～1.0m	1.0～1.5m	1.5～2.0m	0～2.0m
4 252.5	97.1	0	132.4	34.7	25.8	192.9
4 822.5	97.1	135.0	90.3	36.9	11.6	138.8
5 220.0	97.1	202.5	78.4	30.2	0.3	108.9
5 272.5	97.1	262.5	62.0	−8.3	−6.1	47.6

注：资料来自景县田间灌溉试验区。

2.2　土壤水分利用量与降水量、灌溉供水量的关系

由表1、表2可知，在一定产量水平下，土壤水分利用量随有效降水量和灌溉供水量的增加而减少（见图1）。表1还表明，对夏玉米生育期而言，即使灌水量较小的处理（120mm），土壤水分利用量仍为负值，说明收获时土壤含水率高于播种时的含水率，土壤储水量增加。从该年降雨情况看，除非玉米幼苗至拔节期间遇到“卡脖旱”，否则，该年可

以大大减少灌水量,也就是说,如果天气预报比较准确,该年夏玉米生育期,可以提高降雨利用率,减少灌溉供水量。

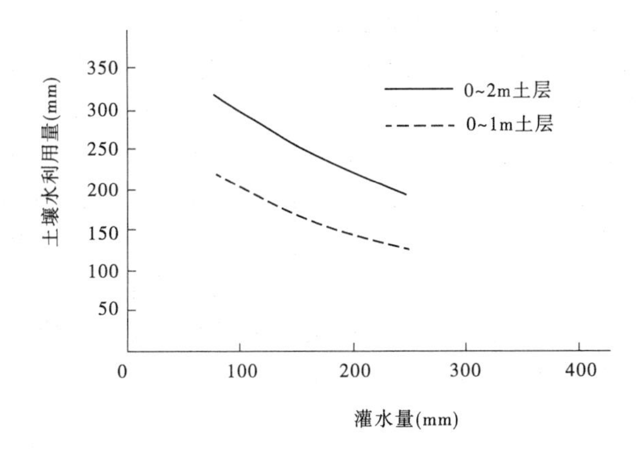

图 1　吨粮田土壤水分利用量与灌水量关系图

由表 2 可以算出,1～1.5m 土层土壤水利用量占 0～1.5m 土层利用量的 20%～29%;1～2m 土层土壤水利用量占 0～2m 土层利用量的 28%～38%,平均为 33.0%。因此,1～2m 土层土壤水分利用量不可忽视。

上述分析表明,提高降雨有效利用率,增加雨季土壤储水量,是减少灌溉供水量的有效途径。

3　提高降雨有效利用率的措施

据分析,河北中部平原平水年降水量为 550mm 左右,其中,15%～18%补给了地下水,2%～4%形成地面径流汇入河网,其余 78%～83%转化为土壤水。若以 80%估算,则有 440mm 降雨转化为土壤水。

据试验,平水年冬小麦生育期降水量约为 100mm,播前经雨季补水,计划湿润层土壤可储水 100～150mm 供作物消耗,二者之和为 200～250mm,若产量为 6 000～7 500 kg/hm^2,冬小麦耗水量按 400～450mm 计,尚需人工灌溉补水 200mm 左右(灌三水);夏玉米生育期降雨有效利用量约为 340mm,产量 7 500～9 000kg/hm^2 时,耗水量约为350～400mm,尚需补水 10～60mm(不灌水或只灌一水)。冬小麦－夏玉米一体化种植模式,灌四水(210～260mm)即应获得吨粮产量。然而,目前的灌溉制度远远大于此数值,因此提高降雨有效利用率,减少灌溉补水量,实现节约用水应引起农田水利工作者足够的重视。

提高降雨有效利用率宜采取以下措施。

3.1　提高土壤储水能力

改良土壤,增施有机肥,增加土壤团粒结构,可以增加土壤空隙率,从而提高田间持水率,增加土壤储水量,以前曾推广的“大寨式海绵田”,仍有现实意义。

3.2　加强降雨与土壤墒情预报,科学调控土壤水分

由于缺乏气象与土壤墒情预报,以往经常发生灌水期间又遇降雨造成深层渗漏的问题,使灌溉水利用率降低,既浪费了灌溉水量也增加了农民的负担。目前,中长期气象预

报，土壤墒情预测预报的技术日臻完善，计算机程序已研究出来，并在一定范围内得到应用。该成果应该大力推广。

3.3 建立一整套科学灌溉管理体制，实现全方位节水

农业节水是一项系统工程，首先，要提高降雨有效利用率，减少灌溉用水量；第二，灌溉要科学化，提高灌溉水的利用率，在获得较高产量的前提下，提高每立方米水的灌溉效益；第三，工程节水与农艺节水措施相结合，减少作物无效耗水量，减少输水、灌水各个环节的水量损失，包括采用先进的灌水方法和灌水技术，如管道输水灌溉、喷灌、微灌等。

总之，要从减少作物无效耗水量，提高降雨有效利用率，提高灌溉水利用率等各个方面，采取工程、农艺、管理等各种综合配套措施，实现农业节水的战略目标。

提高雨水利用率减少灌溉用水量，不必投资大量工程费及设备费，只是要加强气象、墒情的科学预测预报，以及改良土壤增加团粒结构，提高土壤储水能力，是费省效宏的节水措施，值得广泛推广。

参 考 文 献

[1]郭元裕．农田水利学．北京:水利电力出版社,1986

[2]杨路华,王文元．充分利用气象与墒情预报提高降雨有效利用率．第 7 届国际雨水利用会议论文集.1995

附　表

附表1　培养硕士研究生一览表

序号	研究生	论文题目	完成时间	指导教师	现工作单位
1	杨路华	平原井灌区水资源优化调度决策支持系统	1995.5	范逢源 王文元	河北农业大学
2	刘玉春	农业水资源优化分配决策支持系统的开发应用	1997.5	范逢源 王文元	河北农业大学
3	贾金生	农田用水动态管理决策支持系统	1999.5	王文元 范逢源	河北省发展与改革委员会
4	焦艳平	灌区灌溉用水优化利用决策支持系统	1999.5	范逢源 王文元	河北省水利科学研究院
5	宋伟	水稻节水增产机理及高产优化灌溉调控的研究	1999.5	王文元	河北省水利厅
6	李国政	水资源生态管理的研究	1999.5	王文元	河北省水利厅
7	尹焕新	石家庄市水资源可持续利用问题与对策	2000.5	王文元	石家庄市水务局
8	康风君	棉花水分生产函数与优化灌溉决策	2000.5	王文元	河北省财政厅
9	董玉云	唐河灌区水资源优化调度	2001.5	王文元	兰州大学

附表2　出版著作一览表

序号	名称	出版社	出版时间	专著/合编	合作者
1	农田灌溉	科学出版社	1978(第一版) 1986(第二版)	合编	范逢源
2	农田水利农业机械和农村电气	中国农业出版社	1998	合编	范逢源，马跃进等
3	喷滴灌设备使用与管理	河北科技出版社	1999	专著	
4	节水灌溉理论与技术——王文元水利文集	黄河水利出版社	2007	论文集	

附表 3　主要科研课题与获奖一览表

序号	课题名称	排名	发证机关 获奖类别	获奖等级 证书号	获奖年份
1	井灌区水资源优化调度及节水增产效果研究	1(主持人)	水利部科技进步奖	三等 S973027 - G01	1998.6
2	水资源优化调度及节水增产效果研究	3	河北省科技进步奖	三等 973004 - 3	1997.12
3	对我国现行旱作物试验测坑的改进研究	4	河北省科技进步奖	三等 冀 913018 - 4	1991.12
4	徐水县综合节水灌溉示范工程研究与推广	2(第二主持人)	河北省科技进步奖	四等 944016 - 2	1994.12
5	引进"伐利"时针式喷灌机田间试验及改革试验研究	2	河北省科技进步奖	四等 冀 8540352	1986.1
6	石灰岩山地小流域综合治理	4	河北省科技进步奖	四等 924045 - 4	1992.12
7	吨粮田周年作物需水量需水规律及实时高效灌溉制度的研究与应用	2(第二主持人)	河北省水利厅科技进步奖	一等　冀水 9506 - 102	1995.9
8	徐水县综合节水灌溉示范工程研究与推广	2(第二主持人)	河北省水利厅科技进步推广奖	一等　冀水 9409 - 102	1994.7
9	井灌区水资源优化调度及节水增产效果研究	1(主持人)	河北省水利厅科技进步奖	一等　冀水 9716 - 201	1997.8
10	高寒半干旱区春小麦优质高产"控、增、促"栽培理论与技术	2	河北省张家口市科技进步奖	一等 950102	1996.4
11	对我国现行旱作物试验测坑的改进研究	4	河北省水利厅科技进步奖	二等　冀水 912061 - 4	1992.1
12	石灰岩山地小流域综合治理	4	河北省水利厅科技进步奖	二等　冀水 922053 - 4	1992.11

附表4　论文获奖一览表

序号	论文题目	发表刊物	获奖等级	排名	评奖机关	获奖时间
1	微喷头布置形式对喷洒均匀度的影响	《灌溉排水》1994年第13卷第2期	一等	1	中国水利学会农田水利专业委员会（微灌学组）	1993.11
2	关于调压管水力计算公式的探讨	《喷灌技术》1991年第3期	二等	1	中国水利学会农田水利专业委员会（微灌学组）	1993.11
3	滴头绕树布置时土壤湿润比计算公式的探讨	《灌溉排水》1990年第9卷第3期	二等	1	中国水利学会农田水利专业委员会（微灌学组）	1993.11
4	综合性节水灌溉工程设计中几个问题的探讨	《喷灌技术》1993年第2期	三等	1	中国水利学会农田水利专业委员会（微灌学组）	1993.11
5	综合节水灌溉工程合理性的判别	《灌溉排水》1995年第14卷第3期	一等	1	全国喷灌科技信息网	1997.5
6	微喷头布置形式对喷洒均匀度的影响	《灌溉排水》1994年第13卷第2期	二等	1	河北农业大学	1994.12
7	关于调压管水力计算公式的探讨	《喷灌技术》1991年第3期	二等	1	河北农业大学	1994.12
8	综合性节水灌溉工程设计中几个问题的探讨	《喷灌技术》1993年第2期	三等	1	河北农业大学	1994.12
9	综合节水灌溉工程合理性的判别	《灌溉排水》1995年第14卷第3期	二等	1	河北农业大学	1998.5
10	改革实践性教学环节加强学生能力的培养		一等	1	河北农业大学	1997.6